中国农业标准经典收藏系列

# 最新中国农业行业标准

## 第七辑
## 水产分册

农业标准出版研究中心　编

中国农业出版社

# 出 版 说 明

　　2011 年初，我中心出版了《中国农业标准经典收藏系列·最新中国农业行业标准》（共六辑），将 2004—2009 年由我社出版的 1 800 多项标准汇编成册，得到了广大读者的一致好评。无论从阅读方式还是从参考使用上，都给读者带来了很大方便。为了加大农业标准的宣贯力度，扩大标准汇编本的影响，满足和方便读者的需要，我们在总结以往出版经验的基础上策划了《最新中国农业行业标准·第七辑》。

　　以往的汇编本专业细分不够，定价较高，且忽视了专业读者群体。本次汇编弥补了以往的不足，对 2010 年出版的 280 项农业标准进行了专业细分，根据专业不同分为畜牧兽医、水产、种植业、土壤肥料、植保、农机、公告和综合 8 个分册。

　　本书收集整理了 2010 年由农业部发布的水产品、水产饲料、渔船、绿色食品（水产类）、无公害食品（水产类）等行业标准 23 项，并在书后附有 8 个标准公告供参考。

　　特别声明：

　　1. 汇编本着尊重原著的原则，除明显差错外，对标准中涉及的量、符号、单位和编写体例均未做统一改动。

　　2. 从印制工艺的角度考虑，原标准中的彩色部分在此只给出黑白图片。

　　本书可供农业生产人员、标准管理干部和科研人员使用，也可供大中专院校师生参考。

农业标准出版研究中心

2011 年 10 月

# 目　　录

ICS 65.120
B 46

# 中华人民共和国水产行业标准

SC/T 1004—2010
代替 SC/T 1004—2004

# 鳗鲡配合饲料

## Formula feed for eel

2010-12-23 发布

2011-02-01 实施

中华人民共和国农业部 发布

# 前　言

本标准是依据 GB/T 1.1—2009 的要求起草。本标准是 SC/T 1004—2004《鳗鲡配合饲料》的修订版。

本标准与 SC/T 1004—2004 相比,除编辑性修改外,主要技术变化如下:

——删除了术语和定义中的黏弹性的定义及其相关内容,增加了白仔鳗、黑仔鳗、幼鳗和成鳗的定义;

——增加了鳗鲡膨化颗粒配合饲料的营养指标;

——修改了蛋白质、脂肪、粗纤维、粗灰分、总磷的含量指标;

——删除了蛋氨酸、钙、食盐 3 个指标,增加了赖氨酸指标;

——修改了安全卫生指标,删除了挥发性盐基氮指标;

——修改了浮水率的测定方法,明确了搅拌时间为 10 s;

——修改出厂检验中有关"出厂检验由生产单位质量检验部门执行。检验项目应选择能快速、准确反映产品质量的主要技术指标"表述;

——修改了检验判定规则。

本标准由中华人民共和国农业部畜牧业司提出。

本标准由全国饲料工业标准化技术委员会(SAC/TC 76)归口。

本标准起草单位:厦门大学、福建天马饲料有限公司、福建省水产饲料质量监督检验站、福建省水产饲料研究会、中国渔业协会鳗业工作委员会。

本标准主要起草人:艾春香、张蕉南、陈人弼、汪劲、胡兵、张蕉霖。

本标准代替了 SC/T 1004—2004。

本标准所代替标准的历次版本发布情况为:

——SC/T 1004—1992、SC/T 1004—2004。

# 鳗鲡配合饲料

## 1 范围

本标准规定了鳗鲡配合饲料的术语和定义、产品分类、技术要求、试验方法、检验规则及标签、包装、运输、贮存和保质期。

本标准适用于鳗鲡粉状配合饲料和膨化颗粒配合饲料。

## 2 规范性引用文件

下列文件对于本文件的应用是必不可少的。凡是注日期的引用文件,仅注日期的版本适用于本文件。凡是不注日期的引用文件,其最新版本(包括所有的修改单)适用于本文件。

GB/T 5917.1　饲料粉碎粒度测定　两层筛筛分法

GB/T 5918　饲料产品混合均匀度的测定

GB/T 6003.1—1997　金属丝编织网试验筛

GB/T 6432　饲料中粗蛋白测定方法

GB/T 6433　饲料中粗脂肪的测定

GB/T 6434　饲料中粗纤维的含量测定　过滤法

GB/T 6435　饲料中水分和其他挥发性物质含量的测定

GB/T 6437　饲料中总磷的测定　分光光度法

GB/T 6438　饲料中粗灰分的测定

GB/T 10647　饲料工业术语

GB 10648　饲料标签

GB 13078　饲料卫生标准

GB/T 14699.1　饲料　采样

GB/T 16765　颗粒饲料通用技术条件

GB/T 18246　饲料中氨基酸的测定

GB/T 18823　饲料检测结果判定的允许误差

SC/T 1077—2004　渔用配合饲料通用技术要求

JJF 1070　定量包装商品净含量计量检验规则

国家质量监督检验检疫总局令 2005 年第 75 号　《定量包装商品计量监督管理办法》

## 3 术语和定义

GB/T 10647 界定的以及下列术语和定义适用于本文件。

### 3.1

**白仔鳗　fry eel**

指体重小于 2.0 g 的鳗鲡。

### 3.2

**黑仔鳗　fingerling eel**

指体重为 2.0 g～10.0 g 的鳗鲡(不包括体重为 10.0 g 的)。

### 3.3

**幼鳗　juvenile eel**

指体重为 10.0 g～50.0 g 的鳗鲡。

3.4

**成鳗 adult eel**

指体重大于 50.0 g 的鳗鲡。

## 4 产品分类

产品按形态分为粉状配合饲料和膨化颗粒配合饲料;按鳗鲡的生长阶段分为白仔鳗饲料、黑仔鳗饲料、幼鳗饲料和成鳗饲料。产品分类及适用范围见表1。

表 1 产品分类及适用范围

| 项 目 | 粉状配合饲料 | | | | 膨化颗粒配合饲料 | |
|---|---|---|---|---|---|---|
| | 白仔鳗饲料 | 黑仔鳗饲料 | 幼鳗饲料 | 成鳗饲料 | 幼鳗饲料 | 成鳗饲料 |
| 粒径,mm | — | | | | 1.5～2.9 | 3.0～6.0 |
| 适用鳗鲡体重,g | 小于2.0 | 2.0～10.0 | 10.0～50.0 | 大于50.0 | 10.0～50.0 | 大于50.0 |

## 5 要求

### 5.1 原料

所用原料应符合国家有关法律、法规及相关标准的规定。

### 5.2 感官

产品感官指标的规定见表2。

表 2 感官要求

| 品 种 | 项目要求 | |
|---|---|---|
| | 外 观 | 气 味 |
| 粉状配合饲料 | 色泽均匀,无发霉、变质、虫害及结块 | 无霉味、酸败等异味 |
| 膨化颗粒配合饲料 | 色泽、颗粒大小均匀,无发霉、变质、虫害 | |

### 5.3 水分含量

粉状配合饲料水分含量不得大于 10.0%;膨化颗粒配合饲料水分含量不得大于 12.0%。

### 5.4 加工质量指标

加工质量指标的规定见表3。

表 3 加工质量指标

单位为百分率(%)

| 项 目 | 粉状配合饲料 | | | | 膨化颗粒配合饲料 | |
|---|---|---|---|---|---|---|
| | 白仔鳗饲料 | 黑仔鳗饲料 | 幼鳗饲料 | 成鳗饲料 | 幼鳗饲料 | 成鳗饲料 |
| 原料粉碎粒度(筛上物) | ≤5.0[a] | | ≤5.0[b] | | — | |
| 混合均匀度(变异系数) | ≤10.0 | | | | | |
| 散失率 | ≤4.0 | | | | ≤10.0 | |
| 含粉率 | — | | | | ≤1.0 | |
| 浮水率 | — | | | | ≥98.0 | |
| [a] 采用 GB/T 6003.1—1997 中 φ200×50～0.200/0.140 试验筛; | | | | | | |
| [b] 采用 GB/T 6003.1—1997 中 φ200×50～0.250/0.160 试验筛。 | | | | | | |

### 5.5 主要营养成分指标

主要营养成分的规定见表4。

表 4　主要营养成分

单位为百分率(%)

| 项　目 | 鳗鲡粉状配合饲料 | | | | 鳗鲡膨化颗粒配合饲料 | |
|---|---|---|---|---|---|---|
| | 白仔鳗饲料 | 黑仔鳗饲料 | 幼鳗饲料 | 成鳗饲料 | 幼鳗饲料 | 成鳗饲料 |
| 粗蛋白质 | ≥45.0 | ≥42.0 | ≥40.0 | ≥38.0 | ≥43.0 | ≥40.0 |
| 赖氨酸 | ≥2.5 | | ≥2.3 | ≥2.1 | ≥2.3 | ≥2.1 |
| 粗脂肪 | ≥4.0 | | | | ≥6.0 | |
| 粗纤维 | ≤3.0 | | | | ≤4.0 | |
| 粗灰分 | ≤17.0 | | | | ≤18.0 | |
| 总　磷 | ≥1.00 | | | | | |

## 5.6　安全卫生指标

应符合 GB 13078 的规定。

## 5.7　净含量

应符合国家质量监督检验检疫总局令第 75 号《定量包装商品计量监督管理办法》的规定。

# 6　试验方法

## 6.1　感官检验

取 100 g 样品,置于 25 cm×30 cm 的洁净白瓷盘内,在正常光照、通风良好、无异味的环境下通过感官进行评定。

## 6.2　粉碎粒度的测定

按 GB/T 5917.1 的规定执行。

## 6.3　混合均匀度的测定

按 GB/T 5918 的规定执行。

## 6.4　水中稳定性(散失率)的测定

按 SC/T 1077—2004 附录 A 中规定的方法执行。

## 6.5　含粉率的测定

按 GB/T 16765 的规定执行。

## 6.6　浮水率的测定

### 6.6.1　测定步骤

随机抽取 200 粒～300 粒样品,置于 25℃±2℃水中浸泡 30 min,人工搅拌约 10 s,待静止后计算漂浮颗粒数。

### 6.6.2　计算方法

浮水率按式(1)计算。

$$F = \frac{P_1}{P} \times 100 \quad\cdots\cdots\cdots\cdots\cdots\cdots\cdots\cdots\cdots\cdots\cdots\cdots\cdots\cdots\cdots \quad (1)$$

式中:

$F$——浮水率,单位为百分率(%);

$P_1$——漂浮颗粒数,单位为粒;

$P$——总颗粒数,单位为粒。

## 6.7　粗蛋白质的测定

按 GB/T 6432 的规定执行。

## 6.8　粗脂肪的测定

按 GB/T 6433 的规定执行。

### 6.9 粗纤维的测定

按 GB/T 6434 的规定执行。

### 6.10 水分的测定

按 GB/T 6435 的规定执行。

### 6.11 总磷的测定

按 GB/T 6437 的规定执行。

### 6.12 粗灰分的测定

按 GB/T 6438 的规定执行。

### 6.13 赖氨酸的测定

按 GB/T 18246 的规定执行。

### 6.14 净含量

按 JJF 1070 的规定执行。

## 7 检验规则

### 7.1 批的组成

在原料及生产条件基本相同的情况下,同一班次和同一配料生产的产品为一个检验批。

### 7.2 抽样方法

按 GB/T 14699.1 的规定执行,净含量抽样按 JJF 1070 的规定执行。

### 7.3 检验分类

#### 7.3.1 出厂检验

每批产品必须进行出厂检验,检验项目一般为感官性状、水分、粗蛋白质以及包装、标签。检验合格签发检验合格证,产品凭检验合格证出厂。

#### 7.3.2 型式检验

正常生产时,每年至少检验一次,检验项目为本标准规定的所有项目;型式检验的样品在出厂检验合格的样品中抽取;但如有下列情况之一时,也应进行型式检验:

    a) 新产品投产时;

    b) 原料、工艺、配方有较大改变,可能影响产品质量时;

    c) 停产 6 个月或主要生产设备进行大修后恢复生产时;

    d) 出厂检验结果与上次型式检验有较大差异时;

    e) 质量监督部门提出进行型式检验要求时。

### 7.4 判定规则

7.4.1 检测结果判定的允许误差按 GB/T 18823 的规定执行。

7.4.2 所检项目的结果全部符合标准规定的判为合格批。

7.4.3 检验中如有一项指标不符合标准,应重新取样进行复检(微生物指标超标不得复检),复检结果中有一项不合格者即判定为不合格。

## 8 标签、包装、运输、贮存

### 8.1 标签

产品标签应按 GB 10648 的规定执行。

### 8.2 包装

所用包装材料应清洁卫生、无毒无污染；包装材料应有防潮、抗拉性能；包装封口应严密牢固。

## 8.3 运输

产品运输时，运输工具应清洁卫生，且不得与有毒有害物质等混装、混运；运输中应有通风并能防止日晒、雨淋与破损的措施。

## 8.4 贮存

产品应贮存于通风、清洁、干燥的仓库内，防止受潮和有害物质的污染。

## 8.5 保质期

在符合本标准规定的贮运条件下，且包装完整、未经启封的产品，从生产之日起，原包装产品保质期为 90 d。

ICS 11.220
B 50

# 中华人民共和国水产行业标准

SC/T 1106—2010

渔用药物代谢动力学和
残留试验技术规范

Test technical specification of pharmacokinetics and
residues for fishery drugs

2010-05-20 发布

2010-09-01 实施

中华人民共和国农业部 发布

# 前　言

本标准附录 A 为资料性附录。

本标准由中华人民共和国农业部渔业局提出。

本标准由全国水产标准化技术委员会淡水养殖分技术委员会归口。

本标准起草单位:中国水产科学研究院黄海水产研究所。

本标准主要起草人:李健、王群、刘淇、陈萍。

# 渔用药物代谢动力学和残留试验技术规范

## 1 范围

本标准规定了渔用药物代谢动力学和残留试验的实验设计的基本要求、样品分析方法的选择、确证技术要求、药物代谢动力学曲线的拟合、模型的确定及参数估算等。

本标准适用于渔用药物在鱼虾体内的代谢动力学和残留试验;其他水产动物的药物代谢动力学和残留试验可参考使用。

## 2 试验设计的基本要求

### 2.1 实验渔用药物

应给出渔用药物通用名称、含量、剂型、生产厂家、批号及保存条件、配制方法等。实验所用的渔用药物应与药效学和毒理学研究使用的药物相一致。

### 2.2 实验动物

#### 2.2.1 基本要求

应给出实验动物中文名称、拉丁文名称和数量、规格(体重、体长)、来源等;个体大小应根据试验目的确定,如试验目的是制定休药期,则应采用接近上市规格的动物进行试验。同时,实验动物要注明健康状况。

#### 2.2.2 数量

每个采样时间点的平行样不少于8尾,已有性别分化的动物雌雄比例应为1:1。

#### 2.2.3 饲养管理

采用接近自然或养殖环境,水温应保持基本稳定,饲料、养殖环境(包括水温、盐度、溶氧、无机氮、水体大小等)等应满足实验动物正常生理需要。

### 2.3 给药剂量

渔用药物代谢动力学研究所采用的剂量为药效学研究中所用的有效剂量,也可设置高、中、低三个剂量组,高剂量接近最小中毒剂量,中剂量相当于有效剂量,低剂量为中剂量的1/2。

### 2.4 给药途径

可采用口灌、混饲、药浴、肌肉注射及静脉注射等方式,给药前应停食12 h以上。

### 2.5 给药次数

可采用单次给药或多次给药的形式,多次给药要满足一个治疗周期。

### 2.6 采样

#### 2.6.1 采样时间点的确定

采样时间点的设计应包括药物的吸收相、平衡相(峰浓度附近)和消除相。一般在吸收相至少需要2个~3个采样点,对于吸收快的血管外给药的药物,应避免第一个点为峰浓度(Cmax);在Cmax附近至少需要3个采样点;消除相需要4个~6个采样点,整个采样时间至少应持续到3个~5个半衰期,或持续到血药峰浓度Cmax的1/10~1/20;药物残留研究的采样时间点至少包括10个,整个采样时间至少持续到8个~10个半衰期,或持续到最高残留限量MRL以下。

#### 2.6.2 采样组织的确定

药物代谢动力学和残留研究的采样组织包括血液、肌肉、肝脏、肾脏、皮肤和鳃等;肌肉组织可采肌肉和皮肤的自然比例。

#### 2.6.3 采样方法

采集血液样本时,鱼血可采取断尾取血或尾静脉抽血的方法;虾血可采取心脏和血窦抽血的方法。鱼肉可取背部肌肉,虾肉可取第一至第七腹节肌肉。所有采样个体要保持取样部位的一致性,肌肉注射给药要避开注射部位取样。鱼虾个体较小时,肝脏、肾脏及鳃可采全部组织。

### 2.6.4　样品保存条件

所取的组织样品封装后冷冻保存,血液样品保存前应制备成血清或血浆,保存温度−20℃以下,存放时间6个月以内。

## 3　样品分析方法的选择

生物样品的药物分析方法包括色谱法、放射性核素标记法、免疫学和微生物学方法,应根据实验动物的性质,选择特异性好、灵敏度高的测定方法。优先选用国家标准和行业标准规定的方法。分析方法必须具有足够的灵敏度、特异性、精确性和可靠性,并对方法进行确证,以确保生物样品测定结果的准确性和可靠性。对于前体药物或有活性(药效学或毒理学活性)代谢产物的药物,建立方法时应考虑采用能同时测定原型药和代谢物的方法。药物分析方法参考标准参考附录A。

## 4　样品分析方法确证技术要求

### 4.1　特异性

对于色谱法,至少要考察6个不同个体来源的空白生物样品色谱图、空白生物样品外加对照物质色谱图(注明浓度)及用药后的生物样品色谱图,反映分析方法的特异性。对于质谱法,则应着重考察分析过程中的介质效应。

### 4.2　标准曲线和定量范围

根据所测定物质的浓度与响应的相关性,用回归分析方法获得标准曲线,提供标准曲线的线性方程和相关系数。标准曲线高低浓度范围为定量范围,必须用至少6个浓度建立标准曲线,应使用与待测样品相同的生物介质制备标准曲线,定量范围要能覆盖全部待测样品浓度。建立标准曲线时,应随行空白生物样品,但计算时不包括该点。

### 4.3　精密度与准确度

一般要求选择3个～5个浓度样品同时进行方法的精密度和准确度考察。低浓度选择在定量限附近,其浓度在定量限的3倍以内;高浓度接近于标准曲线的上限;中间选一个浓度。每一浓度每批至少测定5个样品,为获得批间精密度应至少连续测定3个分析批。精密度用质控样品的批内和批间相对标准差(RSD)表示,RSD一般应小于15%,在最低检测限附近RSD应小于20%。准确度一般应在85%～115%范围内,在最低检测限附近应在80%～120%范围内。

### 4.4　最低检测限

一般要求残留分析方法的最低检测限(LOD)满足:MRL>0.5 mg/kg时,最低检测限为0.1 mg/kg;当MRL在0.5 mg/kg～0.05 mg/kg时,最低检测限为0.1 mg/kg～0.02 mg/kg;当MRL<0.05 mg/kg时,最低检测限为0.5 MRL。

### 4.5　回收率

一般要求考查高、中、低3个浓度的提取回收率,其结果可重现。

### 4.6　方法学质控

对于未知浓度样品的测定应在生物样品分析方法确证完成以后开始。每个未知浓度样品一般测定一次,必要时可进行复测。每个分析批生物样品测定时应建立新的标准曲线,并随行测定高、中、低三个浓度的质控样品。质控样品测定结果的偏差一般小于20%,每个浓度质控样品至少双样本,并应均匀分布在未知样品测试顺序中。当一个分析批中未知浓度样品数目较多时,应增加各浓度质控样品数,使质控样品数大于未知浓度样品总数的5%,质控样品测定的偏差一般应小于15%,低浓度点偏差一般应小于20%,最多允许1/3不在同一浓度的质控样品结果超限。如质控样品测定结果不符合上述要求,则该分析批样品测试结果作废。浓度高于定量上限的样品,应采用相应的空白介质稀释后重新测定。整个分析过程应当遵从预先制定的试验室标准操作程序以及良好实验室操作原则。

### 4.7 微生物学和免疫学分析方法确证技术要求

上述分析方法确证的很多指标和原则也适用于微生物学或免疫学分析,但在方法确证中应考虑到它们的一些特殊之处。微生物学或免疫学分析的标准曲线本质上是非线性的,所以应采用比化学分析更多的浓度点来建立标准曲线。

## 5 药物代谢动力学曲线的拟合、模型的确定及参数估算

### 5.1 药时曲线的拟合及模型确定

根据药物性质和动物特点选择合适的数据处理软件,可采用 Win Nonlin、Kinetica、3p87(3p97)、PKBP—N1、BAPP、MCPKP、DNS 等;注明软件名称、版本和来源。根据不同时间点所对应的血液等组织样品药物浓度,作药时曲线图,采用最小二乘法拟合出药物代谢动力学方程,根据血药浓度与时间的函数关系确定所属的模型。

### 5.2 药物代谢动力学参数的估算

根据试验中测得的受试动物的血药浓度—时间数据,求得受试药物的主要代谢动力学参数。对于静脉注射给药的药物,应提供消除半衰期 $t_{1/2}$、表观分布容积 Vd、血药浓度—时间曲线下面积 AUC、清除率 CL 等参数值;对于血管外给药的药物,除提供上述参数外,还应提供峰浓度 Cmax、达峰时间 Tmax 等参数值。

## 附 录 A
### （资料性附录）
### 药物分析方法参考标准

| 药　物 | 药物分析方法标准 |
|---|---|
| 孔雀石绿与结晶紫 | GB/T 20361　水产品中孔雀石绿和结晶紫残留量的测定　高效液相色谱荧光检测法 |
| 硝基呋喃类代谢物 | 农业部 783 号公告—1—2006　水产品中硝基呋喃类代谢物残留量的测定　液相色谱-串联质谱法<br>农业部 1077 号公告—2—2008　水产品中硝基呋喃类代谢物残留量的测定　高效液相色谱法 |
| 诺氟沙星、盐酸环丙沙星、恩诺沙星 | 农业部 783 号公告—2—2006　水产品中诺氟沙星、盐酸环丙沙星、恩诺沙星残留量的测定　液相色谱法 |
| 敌百虫 | 农业部 783 号公告—3—2006　水产品中敌百虫残留量的测定　气相色谱法 |
| 雌二醇 | 农业部 958 号公告—10—2007　水产品中雌二醇残留量的测定　气相色谱-质谱法 |
| 吡喹酮 | 农业部 958 号公告—11—2007　水产品中吡喹酮残留量的测定　液相色谱法 |
| 磺胺类、喹诺酮药物 | 农业部 958 号公告—12—2007　水产品中磺胺类药物残留量的测定　液相色谱法<br>农业部 1077 号公告—1—2008　水产品中 17 种磺胺类及 15 种喹诺酮类药物残留量的测定　液相色谱-串联质谱法 |
| 氯霉素、甲砜霉素、氟甲砜霉素 | 农业部 958 号公告—13—2007　水产品中氯霉素、甲砜霉素、氟甲砜霉素残留量的测定　气相色谱法<br>农业部 958 号公告—14—2007　水产品中氯霉素、甲砜霉素、氟甲砜霉素残留量的测定　气相色谱-质谱法 |
| 链霉素 | 农业部 1077 号公告—3—2008　水产品中链霉素残留量的测定　高效液相色谱法 |
| 喹烯酮 | 农业部 1077 号公告—4—2008　水产品中喹烯酮残留量的测定　高效液相色谱法 |
| 喹乙醇代谢物 | 农业部 1077 号公告—5—2008　水产品中喹乙醇代谢物残留量的测定　高效液相色谱法 |
| 噁喹酸 | SC/T 3028　水产品中噁喹酸残留量的测定　液相色谱法 |
| 甲基睾酮 | SC/T 3029　水产品中甲基睾酮残留量的测定　液相色谱法 |
| 五氯苯酚及其钠盐 | SC/T 3030　水产品中五氯苯酚及其钠盐残留量的测定　气相色谱法 |
| 硫丹 | SC/T 3039　水产品中硫丹残留量的测定　气相色谱法 |
| 三氯杀螨醇 | SC/T 3040　水产品中三氯杀螨醇残留量的测定　气相色谱法 |

ICS 65.150
B 52

# 中华人民共和国水产行业标准

SC/T 1107—2010

## 中华鳖　亲鳖和苗种

Chinese soft-shelled turtle—Broodstock and juvenile

2010-12-23 发布
2011-02-01 实施

**中华人民共和国农业部** 发布

# 前　言

本标准遵照 GB/T 1.1—2009 给出的规则起草。

本标准由中华人民共和国农业部渔业局提出。

本标准由全国水产标准化技术委员会淡水养殖分技术委员会(SAC/TC 156/SC 1)归口。

本标准起草单位:浙江省淡水水产研究所、杭州市余杭区上升农业开发有限公司、浙江清溪鳖业有限公司、温岭市东片生态养殖有限公司、长兴县如兴养殖场、长兴县水产协会。

本标准主要起草人:叶金云、陈德富、石元法、王根连、林美定、张斌如、金兰仙、聂式忠、孙盛明。

# 中华鳖  亲鳖和苗种

## 1  范围

本标准规定了中华鳖（*Pelodiscus sinensis* Wiegmann）亲鳖和苗种的来源、质量要求、检验方法和判定规则。

本标准适用于中华鳖亲鳖和苗种的质量评定。

## 2  规范性引用文件

下列文件对于本文件的应用是必不可少的。凡是注日期的引用文件，仅注日期的版本适用于本文件。凡是不注日期的引用文件，其最新版本（包括所有的修改单）适用于本文件。

GB/T 18654.2  养殖鱼类种质检验  第2部分：抽样方法

GB 21044  中华鳖

NY 5070  无公害食品  水产品中渔药残留限量

NY 5073  无公害食品  水产品中有毒有害物质限量

农业部1192号公告—1—2009  水产苗种违禁药物抽检技术规范

## 3  术语和定义

GB 21044 确立的术语和定义适用于本文件。

## 4  亲鳖

### 4.1  来源

4.1.1  由持有国家行业主管部门发放生产许可证的中华鳖原良种场生产的亲鳖，或从上述原良种场引进的中华鳖苗种，经以动物性鲜活饵料为主培育成的亲鳖。

4.1.2  从中华鳖天然种质资源库或从江河、水库、湖荡等未经人工放养的天然水域捕捞的亲鳖，或从上述水域采集的中华鳖苗种，经以动物性鲜活饵料为主培育而成的亲鳖。

4.1.3  严禁近亲繁殖的中华鳖后代用作亲鳖。一般生产单位（非原良种场）繁殖的雌鳖、雄鳖不得同时留作本单位的亲鳖。

### 4.2  质量要求

#### 4.2.1  种质

应符合 GB 21044 的规定。

#### 4.2.2  年龄

用于繁殖的中华鳖亲鳖年龄要求见表1。

表 1  用于繁殖的中华鳖亲鳖年龄

| 地理区域 | 雄亲鳖年龄 | 雌亲鳖年龄 |
|---|---|---|
| 华南地区 | 2 冬龄以上 | 3 冬龄以上 |
| 长江中下游地区 | 3 冬龄以上 | 4 冬龄以上 |
| 江淮地区 | 4 冬龄以上 | 5 冬龄以上 |
| 黄河以北地区 | 5 冬龄以上 | 6 冬龄以上 |

### 4.2.3 外观

#### 4.2.3.1 躯体

躯体完整,体表无病灶,无伤残、无畸形。

#### 4.2.3.2 背体色

背体色随水色的变化而变化,鲜艳,有光泽。

#### 4.2.3.3 裙边

裙边舒展,无残缺,不下垂,不上翘。

#### 4.2.3.4 尾长

雄性亲鳖露出裙边外 1.5 cm 以上;雌性亲鳖不露出裙边外。

#### 4.2.3.5 头

头能伸缩自如,口颈无钓钩或无钓线残留。

#### 4.2.3.6 腹部

腹部平整、光洁;四肢窝无注射针孔的红斑点,体腔不水肿。

### 4.2.4 可量性状

#### 4.2.4.1 体重

雄亲鳖和雌亲鳖均应大于 1 000 g。

#### 4.2.4.2 背甲长/体高比

雌亲鳖 2.7～3.3。

### 4.2.5 健康状况

无细菌、病毒、寄生虫等病原寄生及营养缺乏、环境不良等因素引起的疾病。

### 4.2.6 活力

#### 4.2.6.1 行动

在水中能快捷游动;在陆地上能快捷爬行。

#### 4.2.6.2 反应

外界稍有惊动即能迅速逃逸。

#### 4.2.6.3 翻身

人为将其躯体腹部朝上 3 次以上,均能迅速翻身逃逸。

## 5 苗种

### 5.1 来源

由符合第 4 章规定的亲鳖所繁育的苗种。

### 5.2 质量要求

#### 5.2.1 种质

应符合 GB 21044 的规定。

#### 5.2.2 外观

##### 5.2.2.1 躯体

躯体完整,体表无病灶,无伤残,无畸形,同批苗种应规格整齐。

##### 5.2.2.2 腹部

卵黄囊已全部吸收,脐孔封闭。

##### 5.2.2.3 体色

背甲呈黄褐色,无白化;腹部呈红色,且颜色越浓,体质越健壮。

#### 5.2.2.4 裙边

裙边舒展,无残缺,不下垂,不上翘。

### 5.2.3 可量性状

中华鳖优质苗种的背甲长与体重对照见表2。

表 2 中华鳖优质苗种背甲长与体重关系

| 体重,g | 4~10 | 10~20 | 20~30 | 30~40 | 40~50 |
|---|---|---|---|---|---|
| 体长,cm | 2.8~4.0 | 4.0~5.2 | 5.2~5.8 | 5.8~6.4 | 6.4~7.1 |

### 5.2.4 健康状况

按4.2.6的规定执行。

### 5.2.5 活力

按4.2.7的规定执行。

### 5.2.6 质量安全要求

应符合 NY 5070 和 NY 5073 的规定。

## 6 检验方法

### 6.1 取样

按 GB/T 18654.2 规定的方法进行。

### 6.2 测定

#### 6.2.1 种质检验

按 GB 21044 的规定执行。

#### 6.2.2 亲鳖年龄

查阅养殖档案确定。

#### 6.2.3 感官检测

在光线充足的环境中用肉眼目测。

#### 6.2.4 体重

先用吸水纸吸去体表附水,再用感量为 0.1 g 的天平称量。

#### 6.2.5 体长

用精度为 0.1 mm 的数显游标卡尺测量。

#### 6.2.6 违禁药物和有毒有害物质检测

#### 6.2.6.1 违禁药物检测

按农业部 1192 号公告—1—2009 的规定执行。

#### 6.2.6.2 有毒有害物质检测

按 NY 5073 的规定执行。

#### 6.2.7 钓钩检测

用手持金属探测器探测。

## 7 判定规则

### 7.1 亲鳖

亲鳖检验结果全部达到第4章规定的各项指标要求,则判定本批中华鳖亲鳖合格。亲鳖检验结果中有两项及两项以上指标不合格,则判定不合格。亲鳖检验结果有一项指标不合格,允许重新抽样将此项指标复检一次,复检仍不合格的,则判定不合格。

## 7.2 苗种

苗种检验结果全部达到第 5 章规定的各项指标要求,则判定本批中华鳖苗种合格。苗种检验结果中若违禁药物和有毒有害等安全指标有一项不合格即判定不合格。其他有两项及两项以上指标不合格,则判定不合格。

———————

ICS 65.150
B 51

# 中华人民共和国水产行业标准

SC 2018—2010

代替 SC 2018—2004

# 红鳍东方鲀

## Tiger puffer

2010-05-20 发布
2010-09-01 实施

**中华人民共和国农业部** 发布

# 前　言

本标准是对 SC 2018—2004《红鳍东方鲀》进行的修订。

本标准与 SC 2018—2004 相比主要变化如下：

——对年龄的检测方法进行了修订；

——增加性状检测方法；

——删除分子遗传特征检测指标；

——对体长体重关系进行了修订；

——对判定规则进行了修订。

本标准的附录 A 为资料性附录。

本标准由农业部渔业局提出。

本标准由全国水产标准化技术委员会海水养殖分技术委员会归口。

本标准起草单位：中国水产科学研究院黄海水产研究所、中国海洋大学。

本标准主要起草人：陈四清、于东祥、孔晓瑜、刘长琳、孙中之、马爱军、柳学周。

本标准所代替标准的历次版本发布情况为：

——SC 2018—2004 。

# 红 鳍 东 方 鲀

## 1 范围

本标准给出了红鳍东方鲀(*Takifugu rubripes*,Temminck & Schlegel)的主要形态构造特征、生长与繁殖、遗传学特征以及检测方法。

本标准适用于红鳍东方鲀的种质鉴定与检测。

## 2 规范性引用文件

下列文件对于本文件的应用是必不可少的。凡是注日期的引用文件,仅注日期的版本适用于本文件。凡是不注日期的引用文件,其最新版本(包括所有的修改单)适用于本文件。

GB/T 18654.2 养殖鱼类种质检验 第2部分:抽样方法

GB/T 18654.3 养殖鱼类种质检验 第3部分:性状测定

GB/T 18654.12 养殖鱼类种质检验 第12部分:染色体组型分析

## 3 名称与分类

### 3.1 学名

红鳍东方鲀(*Takifugu rubripes*,Temminck & Schlegel)。

### 3.2 分类位置

硬骨鱼纲(Osteichthyes),鲀形目(Tetraodontiformes),鲀亚目(Tetrodontoidei),鲀科(Tetraodontidae),东方鲀属(*Takifugu*)。

## 4 主要形态特征

### 4.1 外形

红鳍东方鲀体粗短,近圆筒形,头部宽圆,吻圆钝,唇发达,尾柄短小;头部及体背、腹面均被棘刺,背刺区与腹刺区分离。额骨长与宽约相等;额骨纵走隆起线向前延伸,达前额骨后缘中部;前额骨占眶上缘的1/3。眼小、上侧位,眼间隔宽而微突,鼻孔每侧2个,背鳍后位与臀鳍相对称,且相似,均无鳍棘。体背面呈青黑色,体色与花纹比较稳定,胸鳍后上方具一白边黑色大斑,臀鳍白色,充血后呈淡红色,其他鳍呈黑色。背侧无弓形暗色横斑纹。在体侧眼状大斑的后方,尚有较小的黑斑若干,头及背部宽圆形,无第一背鳍及腹鳍,第二背鳍与臀鳍相似,尾鳍截形。气囊发达。红鳍东方鲀外形见图1。

图 1 红鳍东方鲀外形

### 4.2 可数性状

D. 16～19

A. 13～16

P. 16～18

C. 10

### 4.3 可量性状

红鳍东方鲀实测可量性状比例值见表1。

表 1 红鳍东方鲀实测可量性状比例值

| 全长/体长 | 体长/体高 | 体长/头长 | 头长/吻长 | 吻长/眼径 |
|---|---|---|---|---|
| 1.2～1.4 | 3.2～3.8 | 3.0～3.4 | 2.0～2.5 | 3.2～3.8 |
| 头长/眼径 | 头长/眼间距 | 体长/尾柄长 | 尾柄长/尾柄高 | |
| 7.3～8.8 | 1.8～2.1 | 4.8～5.2 | 1.6～2.0 | |

### 4.4 内部结构特征

#### 4.4.1 齿

上、下颌缝显著,上、下颌各有2个板状齿。

#### 4.4.2 脊椎骨

脊椎骨21个～22个。

## 5 生长与繁殖

### 5.1 生长

体长与体重的关系见表2。

表 2 红鳍东方鲀体长与体重的对应值

| 体长,cm | 24～25 | 32～35 | 41～43 | 46～48 | 51～52 | 54～56 | 59～61 | 62～65 |
|---|---|---|---|---|---|---|---|---|
| 体重,g | 480～550 | 1 100～1 500 | 2 200～2 800 | 3 200～4 000 | 4 800～5 100 | 5 700～6 300 | 7 400～8 200 | 8 600～9 900 |

红鳍东方鲀体长与体重关系式参见附录A。

### 5.2 繁殖

#### 5.2.1 性成熟年龄

在自然海区,雌、雄性成熟年龄均为3龄。

#### 5.2.2 产卵特点

红鳍东方鲀为一年一次产卵型鱼类。绝对怀卵量范围为$20×10^4$ 粒～$250×10^4$ 粒,3 kg以下的小型亲鱼产卵量为$20×10^4$ 粒～$30×10^4$ 粒,6 kg～7 kg大型亲鱼产卵量为$150×10^4$ 粒～$200×10^4$ 粒。自然海区产卵期因地域而异,东海、黄海海区为3月下旬至6月上旬,产卵水温16℃～19℃,产卵场所为水深20 m的沙质海底。

#### 5.2.3 卵子特征

卵子淡黄色,不透明,圆球形,内有大小不一的油球数百个,比重略大于海水;卵子沉性,受精卵入水后具黏性,易聚集成块。卵膜厚,表面有不规则的裂纹,卵径1.1 mm～1.4 mm,每克卵600粒～700粒。

## 6 细胞遗传学特性

### 6.1 染色体数

体细胞染色体数目为:$2n=44$。

### 6.2 核型

核型公式为:$2n=12$ m$+6$ sm$+26$ t;染色体总臂数(NF)为62。

22对染色体中,中部着丝点染色体(m)6对,亚中部着丝点染色体(sm)3对,端部着丝点染色体(t)

13 对;未发现具次缢痕染色体;也未发现有异形性染色体存在。染色体核型见图 2。

图 2　红鳍东方鲀染色体核型

## 7　检测方法

### 7.1　抽样

按 GB/T 18654.2 的规定执行。

### 7.2　性状测定

按 GB/T 18654.3 的规定执行。

### 7.3　年龄测定

脊椎骨法:取出鱼的脊椎骨,逐一进行视检,选择轮纹较清晰的十余节。在 2% 氢氧化钾溶液中浸泡 1 d～2 d,放入酒精中脱脂后,用放大镜观察椎体斜凹面上的轮纹,鉴定年龄。

### 7.4　染色体和核型检测

按 GB/T 18654.12 的规定执行。

## 8　判定规则

检测结果不符合第 6 章的要求,则判定为不合格项,有不合格项的样品为不合格品。

附　录　A

（资料性附录）

**红鳍东方鲀体长与体重关系式**

红鳍东方鲀体长与体重关系式

$$W = 3.629\ 3 \times 10^{-5} \times L^{3.0}\ (r = 0.997\ 3)$$

式中：

$W$——鱼体体重，单位为克（g）；

$L$——鱼体体长，单位为毫米（mm）。

ICS 67.020
X 20

# 中华人民共和国水产行业标准

SC/T 3046—2010

# 冻烤鳗良好生产规范

Good manufacturing practice of frozen roast eel

2010-12-23 发布

2011-02-01 实施

中华人民共和国农业部 发布

SC/T 3046—2010

# 前　言

本标准遵照 GB/T 1.1—2009 给出的规则起草。

本标准由中华人民共和国农业部渔业局提出。

本标准由全国水产标准化技术委员会水产品加工分技术委员会(SAC/TC 156/SC 3)归口。

本标准主要起草单位:福建省水产研究所、中国渔协鳗业工作委员会、江西西龙食品有限公司、莆田金日食品有限公司。

本标准主要起草人:吴成业、林美娇、刘智禹、唐光铃、陈春林、曹爱英、刘淑集、苏永昌、刘兆钧、贺学荣。

# 冻烤鳗良好生产规范

## 1 范围

本标准规定了冻烤鳗生产中的术语和定义、加工企业的基本条件、原辅材料要求及用水、生产过程管理、产品贮存与运输及质量安全管理中应达到的良好条件或要求。

本标准适用于冻烤鳗生产中的质量安全管理。

## 2 规范性引用文件

下列文件对于本文件的应用是必不可少的。凡是注日期的引用文件，仅注日期的版本适用于本文件。凡是不注日期的引用文件，其最新版本(包括所有的修改单)适用于本文件。

GB 2760 食品添加剂使用卫生标准

GB 5749 生活饮用水卫生标准

GB/T 6543 瓦楞纸箱

GB 7718 食品标签通用标准

GB 9687 食品包装用聚乙烯成型品卫生标准

GB/T 20941 水产食品加工企业良好操作规范

NY 5051 无公害食品 淡水养殖用水水质

NY 5068 无公害食品 鳗鲡

SC/T 3009 水产品加工质量管理规范

SC/T 3027 冻烤鳗 加工技术规范

## 3 术语和定义

下列术语和定义适用于本文件。

### 3.1

**冻烤鳗 frozen roast eel**

指以活鳗鲡为原料，经剖杀、去除内脏、骨头和修整处理后，通过蒸煮、烧烤、急速冻结，包装后在
−18℃以下低温储运的单体制品。

### 3.2

**冰昏 keeping unconscious with ice**

用人为的因素如冰镇等，使鳗鱼处于休眠状态的一种工艺。

### 3.3

**烧烤 roasting**

指用烧烤设备对鳗片的皮面及肉面进行烘烤，使其从生鳗片到熟烤鳗转变的处理过程。

### 3.4

**白烧 roasting without soy sauce**

指未加入调味酱油进行烧烤，所加工后的烤鳗称为白烧烤鳗。

### 3.5

**蒲烧 roasting with soy sauce**

指加入调味酱油进行烧烤，所加工后的烤鳗称为蒲烧烤鳗。

3.6

**CCP critical control point(CCP)**

关键控制点,是(食品安全)能够施加控制,并且该控制对防止或消除食品安全危害或将其降低到可接受水平是所必需的某一步骤。

## 4 加工企业的基本条件

人员、环境、车间及设施、生产设备及卫生控制程序应符合 GB/T 20941 和 SC/T 3009 的要求。

## 5 原辅料要求及用水

### 5.1 原料要求

5.1.1 原料必须来自行业主管部门备案、检验合格并登记发证的养鳗场。烤鳗加工企业应对原料进行重金属、药物残留等项目的预检,其质量应符合 NY 5068 的规定。

5.1.2 病鳗、死鳗、畸鳗或其他感官性状异常的,不得作为加工原料。

### 5.2 辅料要求

加工过程中使用的辅料应符合国家有关规定,食品添加剂的使用应符合 GB 2760 的规定。严禁使用不符合 GB 2760 规定或冻烤鳗进口国禁止使用的食品添加剂。

### 5.3 加工用水

暂养用水水质应符合 NY 5051 的要求,加工生产、制冰用水水质应符合 GB 5749 规定的要求。

## 6 生产过程管理

### 6.1 生产操作规程

6.1.1 应制定生产工艺规程及岗位操作规程。其内容应包括鳗鱼的暂养及挑选分级、冰昏、剖杀、清洗、整片、白烧、蒸煮、蒲烧、预冷、单体速冻(IQF)、金属检测、包装和贮存等加工过程的主要技术条件及关键工序的质量和卫生监控点。

6.1.2 生产技术人员、管理人员应按照生产过程中各关键工序控制项目及检查要求,对每一批次产品从原料挑选分级到单体速冻等环节的产品质量和卫生指标等情况进行检查。

### 6.2 原辅料的领取和投料

6.2.1 投产前的原料应进行检查,核对品名、规格、数量,确定生产批号。不符合 5.1 规定的,严禁投产使用。

6.2.2 原辅料的计算、称量及投料应经两人复核。

### 6.3 生产

6.3.1 工艺流程参见附录 A;生产过程危害分析及预防措施参见附录 B;关键控制点(CCP)及其监控方法、纠正措施、验证程序和记录内容参见附录 C。

6.3.2 原料进厂必须进行检查验收。进厂活鳗必须附有经养鳗场所在地检验检疫部门确认的证明书。原料的验收程序和方法按 SC/T 3027 的规定进行。

6.3.3 鳗鱼暂养时应控制暂养池中的水温,做好标识,注明该批原料的验收序号、鳗种、品质、规格、鳗场备案号/池号;暂养吊水时间须在 24 h 以上。

6.3.4 挑选分级按重量规格进行,挑选出规格外的鳗鱼。

6.3.5 冰昏时,应按实际情况控制好冰水温度、冰昏时间,按鳗场池号、鳗种、品质、加工方式、规格,并按冰昏的顺序及时加工。

6.3.6 剖杀工序要根据不同的工艺要求,采用专用工具获取鳗片。鳗鱼剖杀分为有头腹开、有头背开和无头背开。

6.3.7 整片应按拉鳍、切头、划线、分级选别、清洗、打串等前处理工序进行。

6.3.8 白烧时,皮面烧烤、肉面烧烤应调整烤机的火力和输送速度,控制其温度和时间。

6.3.9 蒸煮时,应严格控制蒸煮温度、时间。

6.3.10 蒲烧一般采用3道~4道工序,应根据鳗片调整烤机的火力和输送速度,严格控制其温度和时间。酱油应预热,烧烤时应控制酱油附着量。连续生产时,应及时添加新酱油,每天过滤一次,防止酱油品质劣化;用后的酱油回收,应去除浮油、杂质,冷却后装桶贮存。

6.3.11 冷却时,应控制好冷气温度,风力适中,使烤鳗表面酱油不流失。

6.3.12 冻结应采用IQF冻结,严格控制速冻间温度、冻结时间和冻烤鳗的中心温度。

6.3.13 金属探测应采用电子金属检测器等对每一片冻烤鳗进行金属检测,将金属夹杂物剔除。

6.4 包装

6.4.1 包装应在独立的包装车间内进行,包装车间应控制室内温度在10℃以下,并配有专用洗手消毒设施。

6.4.2 分批次、分规格将鳗片进行包装,并标识相应的代码。内包装使用的聚乙烯薄膜应符合GB 9687的要求。

6.4.3 外包装使用的瓦楞纸箱应符合GB/T 6543的要求。包装上的标签应符合GB 7718的要求,并附有产品合格证。包装状况符合产品包装规范要求,避免受潮。

7 贮存与运输

7.1 贮存与运输的一般性卫生要求应符合GB/T 20941的规定。

7.2 仓库应有收、发货检查制度。入库应有存量记录,出库应有出货记录,内容至少包括生产批号、出货时间、地点、对象、数量等,发现问题及时回收。

7.3 进出库应随手关闭库门,在堆叠过程中,应按不同的生产批次、日期、品种、规格分开,排放整齐,小心轻放,不可碰坏纸箱或损坏产品。不同的生产批次、日期、品种、规格需要挂标识牌。

7.4 产品贮存应采用相应的冷藏措施,并以冷链方式贮存和运输,温度控制在-18℃以下。禁止与有可能造成污染的物品一起储运。

8 质量安全管理

8.1 应设置独立的质量安全管理机构,各车间设专职质量监督员,各班组设兼职质量检验员。专职质量监督员需获得相应的证书或相应的上岗能力证明。

8.2 质量安全管理机构应制定完善的管理制度,各项管理制度应切实可行。质量安全管理制度至少应包括:原辅料、中间产品、成品以及不合格品的管理;原料鉴别与质量检查、成品的检验技术规程、各种原始记录和批生产记录等内容。

8.3 应设置与烤鳗质量安全管理相适应的检验室,应具备对鳗鲡原料、产品进行检验所需的场所、仪器,定期校准和检定仪器,使其处于良好状态。

8.4 应建立完整的质量管理档案,设有档案柜和档案管理人员,各种记录分类归档,保存三年。

8.5 生产过程的安全卫生控制应采用SSOP进行管理,定期对生产和产品质量进行全面检查,对生产和管理中的各项操作规程、岗位责任制进行验证。对检查或验证中发现的问题应提出纠正措施进行整改,定期向卫生行政部门汇报产品的生产质量情况。

8.6 严格执行生产操作规程,加工过程的质量安全管理中应找出加工过程中的质量、卫生关键控制点,对质量安全管理过程中发现的异常情况,应迅速查明原因做好记录,并加以纠正。生产工艺非经核准不得随意更改。需要更改时,应经不少于 3 个批次的质量和品质检验合格,形成企业规程并报技术部门备案。

8.7 成品应逐批次抽取代表性样品,进行感官、安全卫生质量指标检验和外包装检查,不合格者不得出厂。每批产品均应有留样,留样应存放于专设的留样库(或区)内,按品种、批号分类存放,并有明显标志;对产品的包装材料、标志、说明书应进行检查,不合格者不得使用。

8.8 建立客户投诉处理制度,对顾客提出的书面或口头抱怨、建议应及时追查原因,做好调查处理工作。

# 附　录　A
## （资料性附录）
### 冻烤鳗生产工艺流程图

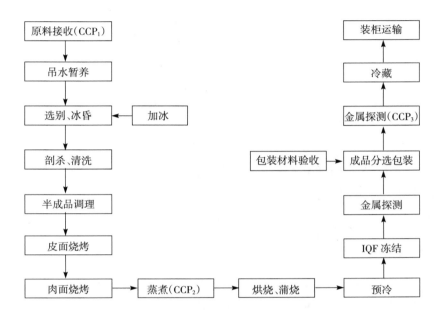

附 录 B

（资料性附录）

危害分析表（The Hazard Analysis Worksheet）

公司名称：

Company Name：

地址：

Company Address：

产品描述：冻烤鳗
Describe the food：Frozen Roasted Eel
销售贮存方法：冷冻贮存和发运
The method of distribution and storage：Stored and distributed frozen
预期用途和消费者：充分加热后食用 普通公众
The intended use and consumer：to be headed and served by the general pubic

| （1）<br>成分/加工步骤 | （2）<br>确定潜在危害（引入、控制或加重） | （3）<br>存在任何食品安全性显著危害吗？<br>（是/不是） | （4）<br>说明做出栏目（3）决定的理由 | （5）<br>可采用什么预防措施来防止显著危害 | （6）<br>这一步是关键控制点吗？<br>（是/不是） |
|---|---|---|---|---|---|
| 活鳗验收 CCP₁ | 生物危害<br>　细菌病原体<br>　寄生虫<br>化学危害<br>　环境化学污染物和杀虫剂<br>　水产养殖用药<br>物理危害<br>　无 | 是<br>不是<br><br>是<br><br>是<br><br>不是 | 活鳗中含天然病原<br><br>养鳗场环境特别是水源污染<br>用药不当 | 生产后工序的蒸煮<br><br>原料来自检验检疫合格，登记发证的养鳗场，并附有相应的供货证明和检测报告<br>原料应来自经评审合格的分供方；检查其用药情况 | 是 |
| 卸鳗、暂养 | 生物危害<br>　病原体<br>化学危害<br>　无<br>物理危害<br>　无 | 是<br><br>不是<br><br>不是 | 卸鳗时带入包装活鳗的不洁水，暂养循环水处理不当；通过 SSOP 控制 | | 不是 |
| 选别、冰昏 | 生物危害<br>　无<br>化学危害<br>　无<br>物理危害<br>　无 | 不是<br><br>不是<br><br>不是 | | | 不是 |
| 剖杀 | 生物危害<br>　细菌病原体污染<br>化学危害<br>　无<br>物理危害<br>　金属夹杂物 | 是<br><br>不是<br><br>是 | 使用手套不当，通过SSOP 控制<br><br><br>剖杀时刀具破损 | <br><br><br><br>生产后工序的金属探测器 | 不是 |

（续）

| （1）成分/加工步骤 | （2）确定潜在危害(引入、控制或加重) | （3）存在任何食品安全性显著危害吗?（是/不是） | （4）说明做出栏目(3)决定的理由 | （5）可采用什么预防措施来防止显著危害 | （6）这一步是关键控制点吗?（是/不是） |
|---|---|---|---|---|---|
| 整片 | 生物危害<br>　细菌病原体<br>　繁殖生长<br>化学危害<br>　无<br>物理危害<br>　金属夹杂物 | 是<br><br>不是<br><br>是 | 时间、温度控制不当,通过 SSOP 控制<br><br><br>整理时刀具破损 | <br><br><br><br>生产后工序的金属探测器 | 不是 |
| 清洗 | 生物危害<br>　细菌病原体<br>　污染<br>化学危害<br>　无<br>物理危害<br>　无 | 是<br><br>不是<br><br>不是 | 漂洗时使用水不洁,通过 SSOP 控制 | | 不是 |
| 白烧 | 生物危害<br>　细菌病原体残存<br><br>化学危害<br>　无<br>物理危害<br>　无 | 是<br><br>不是<br><br>不是 | 烧烤温度、时间不足,一些细菌病原体存在 | 生产后工序的蒸煮 | 不是 |
| 蒸煮<br>CCP₂ | 生物危害<br>　细菌病原体残存<br><br>化学危害<br>　无<br>物理危害<br>　无 | 是<br><br>不是<br><br>不是 | 不适当的加热蒸煮时间和温度导致一些病原体残存 | 控制蒸煮温度和时间 | 是 |
| 蒲烧 | 生物危害<br>　细菌病原体<br>　污染<br>化学危害<br>　无<br>物理危害<br>　金属夹杂物 | 是<br><br>不是<br><br>不是 | 蒲烧酱油可能带入,通过 SSOP 控制 | | 不是 |
| 预冷 | 生物危害<br>　细菌病原体污染<br>化学危害<br>　无<br>物理危害<br>　无 | 是<br><br>不是<br><br>不是 | 设备消毒不彻底,通过 SSOP 控制 | | 不是 |

（续）

| （1）<br>成分/加工<br>步骤 | （2）<br>确定潜在危害（引入、<br>控制或加重） | （3）<br>存在任何食<br>品安全性显<br>著危害吗？<br>（是/不是） | （4）<br>说明做出栏目（3）决定的<br>理由 | （5）<br>可采用什么预防措施来防<br>止显著危害 | （6）<br>这一步是关<br>键 控 制<br>点吗？<br>（是/不是） |
|---|---|---|---|---|---|
| 急冻 | 生物危害<br>　细菌病原体繁殖<br>化学危害<br>　无<br>物理危害<br>　无 | 不是<br><br>不是<br><br>不是 | | | 不是 |
| 分级别 | 生物危害<br>　细菌病原体污染<br>化学危害<br>　无<br>物理危害<br>　无 | 是<br><br>不是<br><br>不是 | 设备消毒不彻底；包装<br>车间空气消毒不彻底；操<br>作员工手套围裙消毒不彻<br>底；通过 SSOP 控制 | SSOP 控制<br>GMP 控制 | 不是 |
| 金属探测 | 生物危害<br>　无<br>化学危害<br>　无<br>物理危害<br>　金属夹杂物 | 不是<br><br>不是<br><br>是 | 前面工序带来的金属夹<br>杂物 | 生产过程中的金属探<br>测器 | 不是 |
| 分规格 | 生物危害<br>　细菌污染<br>化学危害<br>　无<br>物理危害<br>　无 | 是<br><br>不是<br><br>不是 | 分级机消毒不彻底，通<br>过 SSOP | | 不是 |
| 小包装 | 生物危害<br>　细菌污染<br><br>化学危害<br>　无<br>物理危害<br>　无 | 是<br><br><br>不是<br><br>不是 | 员工手套、围裙消毒不<br>彻底，设备消毒不彻底，包<br>装车间空气消毒不彻底；<br>通过 SSOP 控制 | | 不是 |
| 金属探测<br>CCP$_3$ | 生物危害<br>　无<br>化学危害<br>　无<br>物理危害<br>　金属夹杂物 | 不是<br><br>不是<br><br>是 | 金属夹杂物 | 金属探测器 | 是 |
| 大包装 | 生物危害<br>　无<br>化学危害<br>　无<br>物理危害<br>　无 | 不是<br><br>不是<br><br>不是 | | | 不是 |

（续）

| （1）<br>成分/加工步骤 | （2）<br>确定潜在危害（引入、控制或加重） | （3）<br>存在任何食品安全性显著危害吗？<br>（是/不是） | （4）<br>说明做出栏目（3）决定的理由 | （5）<br>可采用什么预防措施来防止显著危害 | （6）<br>这一步是关键控制点吗？<br>（是/不是） |
|---|---|---|---|---|---|
| 冷藏 | 生物危害<br>无<br>化学危害<br>无<br>物理危害<br>无 | 不是<br><br>不是<br><br>不是 | | | 不是 |
| 装运 | 生物危害<br>无<br>化学危害<br>无<br>物理危害<br>无 | 不是<br><br>不是<br><br>不是 | | | 不是 |

# 附　录　C
（资料性附录）
## 危害分析与关键控制点（HACCP）计划表

公司名称：

Company Name：

地址：

Company Address：

产品描述：冻烤鳗
Describe the food：Frozen Roasted Eel
销售贮存方法：冷冻贮存和发运
The method of distribution and storage：Stored and distributed frozen
预期用途和消费者：充分加热后食用　普通公众
The intended use and consumer：to be headed and served by the general pubic

| 关键控制点 | 显著危害 | 对每个预防措施的关键限值 | 监　控 | | | | 纠正措施 | 验证程序和频度 | 记录 |
| --- | --- | --- | --- | --- | --- | --- | --- | --- | --- |
| | | | 对象 | 方法 | 频度 | 人员 | | | |
| 活鳗收购 | 环境化学污染与杀虫剂水产养殖用药不当 | ①供货证明②检测报告 | ①对鳗场的资格识别②活鳗药物及重金属残留③鳗场的用药记录 | ①查看供货证明②品管室检验报告书③审核用药登记表 | 每批进货 | 品管室及原料接收员 | 拒收不合格批次 | ①收购、品管部门每年一次检查供货商以审核其用药程序及环境②每周一次审核监控及纠偏行动记录 | ①供货证明书②养殖者的用药记录③检验报告书 |
| 蒸煮 | 细菌病原体残留 | 充分蒸煮使产品中没有细菌病原体残留 | 蒸煮时间和温度 | ①用连续温监测仪监测温度②监测时间是以链速的形式 | 每小时监测一次 | 蒸煮机操作者 | ①如果温度或时间不符合要求，加工线应停止加工并进行纠偏②在偏离期间生产的所有产品被重蒸 | ①每天生产前进行一次最高操作限校验②每天生产前用检定合格的标准温度计检查温度监测仪的准确性③每周复审监控、纠编行动、验证记录 | ①蒸煮情况②记录表 |
| 金属探测 | 金属夹杂物 | 在最终产品中不含有金属碎片 Φ≥1.0 mm | 烤鳗单体或成品包装 | 金属探测仪 | 每条最终产品在包装前都经金属探测检查 | 金属探测仪操作者 | ①销毁任何由金属探测仪返回的产品②查证产品中的金属来源 | ①每天生产前用 Φ1.0 mm 金属样校验金属探测仪②生产中每小时校验一次③每周审核监控纠编行动记录和验证记录 | 金属检测记录表 |

ICS 67.020
X 20

# 中华人民共和国水产行业标准

SC/T 3047—2010

# 鳗鲡储运技术规程

Technical criterion for storage and transport operation of eel

2010-12-23 发布
2011-02-01 实施

## 中华人民共和国农业部 发布

# 前　言

本标准依据 GB/T 1.1—2009 给出的规则起草。

本标准由中华人民共和国农业部渔业局提出。

本标准由全国水产标准化技术委员会水产品加工分技术委员会(SAC/TC 156/SC 3)归口。

本标准主要起草单位:中国渔业协会鳗业工作委员会、福建省淡水水产研究所、福建天马水产贸易公司。

本标准主要起草人:关景象、钟全福、樊海平、何康华、陈庆堂。

# 鳗鲡储运技术规程

## 1 范围

本标准规定了活鳗鲡暂养与运输的操作要求。

本标准适用于活鳗鲡的暂养与运输。

## 2 规范性引用文件

下列文件对于本文件的应用是必不可少的。凡是注日期的引用文件,仅注日期的版本适用于本文件。凡是不注日期的引用文件,其最新版本(包括所有的修改单)适用于本文件。

GB 11607　渔业水质标准

GB 14848　地下水质量标准

GB 14881　食品企业通用卫生标准

SC/T 9001　人造冰

SN/T 1885　进出口水产品储运卫生规范

## 3 术语和定义

下列术语和定义适用于本文件。

### 3.1

暂养　temporary culture

又称"吊养",是指将筛选好规格、准备出售的鳗鲡,在暂养池中采用流水方式蓄养的过程。

### 3.2

冷昏　stunning

指将鳗鲡放入冰水或冷水中使鱼体体温逐渐降低,至类似休眠状态的过程。

## 4 活鳗鲡暂养与运输

### 4.1 暂养池

暂养池上方要求通风良好,池水上方安装淋水水管 2 根～3 根,水温以 20℃～25℃为宜。

### 4.2 暂养密度

活鳗放养密度为 60 kg/m² ～80 kg/m² 。

### 4.3 活鳗鲡暂养管理

#### 4.3.1 暂养池的卫生要求

暂养池及其周围要定期打扫和消毒,环境清洁卫生,并远离污染源,卫生状况应符合 GB 14881 的规定;鳗鲡暂养设备和工具在使用前应进行清理和消毒;鳗鲡暂养用水应符合 GB/T 14848 的规定。

#### 4.3.2 出入池的标识和记录

4.3.2.1 验收或选别后的活鳗鲡按批号管理规定进入暂养池。

4.3.2.2 在暂养池上方或前方挂标识牌,标识牌的内容为:养鳗场备案号、养鳗池号、品种、规格、入池时间。同时,根据检验要求挂上检验状态标识:合格、不合格或待检。

4.3.2.3 不同养鳗池的鳗鲡应严格隔离和标识;活鳗如掉落地上或掉入回水沟里应及时捡起,不能随意混到不同批次或不同规格的鳗鲡中。

**4.3.2.4** 按记录表填写,应认真、细致、准确,字迹清楚,不得随意改动。

### 4.4 活鳗鲡的运输

#### 4.4.1 尼龙袋充氧包装运输

##### 4.4.1.1 运输前准备

根据操作人员技术熟练程度和包装数量,计算好所需时间,提前准备好包装运输所需要的材料、工具和车辆。暂养及运输过程的卫生要求要符合 SN/T 1885 的规定。

##### 4.4.1.2 冷昏

用冰应符合 SC/T 9001 的规定。根据气温和暂养水温的高低采取一级或二级的降温处理。暂养水温高于 18℃,采用二级降温;低于 18℃,采用一级降温,即直接采用第二级。

第一级降温:前后的温差不宜超过 8℃,用 16℃~18℃ 的冷水冲淋鳗鲡或把鳗鲡浸入 16℃~18℃ 的冷水中降温,将鳗鲡体温降到 18℃ 以下。降温期间控制水温低于 18℃。

第二级降温:用鱼篓按包装袋的装载量称取鳗鲡,将鳗鲡连同鱼篓一起浸入 8℃~10℃ 的冰水中。浸泡时,将鱼篓上下来回摆动,使鱼篓内外水体交换,经过 15 min~20 min,鳗鲡体温降至 8℃~10℃,活动微弱时即可装袋。

##### 4.4.1.3 装袋和加冰

将冷昏后的鳗鲡按 10 kg/袋或合适量装袋,然后再装入冰和冰水,冰和冰水的比例根据气温按表 1 执行。原则上包装袋内的温度保持在 6℃~8℃,加入的冰块体积尽可能大一些,以免很快融化,冰块在放入尼龙袋之前先浸在冰水中,使其棱角融化,外表光滑,以防损伤鱼体或刺破尼龙袋。

**表 1 包装袋中冰和冰水的比例**

| 气温,℃ | 冰的重量,kg | 冰水的重量,kg |
|---|---|---|
| 30 以上 | 1.0 | 0.25 |
| 25~29 | 1.0~0.8 | 0.25~0.45 |
| 20~24 | 0.5~0.8 | 0.75~0.45 |
| 10~19 | 0.25~0.5 | 1.0~0.75 |
| 9 以下 | 0.25 | 1.0 |

##### 4.4.1.4 封口和打包

装好鳗鲡和冰后,排尽袋子中的空气,然后充入足量氧气,迅速用橡皮筋把袋口扎牢。每两袋装入一个泡沫塑料箱中,用胶带封口,再用包装带捆扎两圈,贴好标签即可起运。

##### 4.4.1.5 运输工具

根据活鳗鲡特性、运输季节、距离及保质贮藏的要求选择飞机空运或车辆运输。运输工具应彻底清洗消毒后方可装运,运输工具应符合 SN/T 1185 的规定。运输车辆应使用保温车,在外界气温达到 10℃ 以下时可采用箱式车。

##### 4.4.1.6 运输管理

**4.4.1.6.1** 运输过程应采取适当的保温措施,包装、运输时间应严格控制在 24 h 以内。

**4.4.1.6.2** 不同规格的活鳗鲡运输时应严格分开,做好标识;运输过程不得使用麻醉药物和其他药物,不得与有毒有害物质混运。

**4.4.1.6.3** 装运前应进行检查,在物品、标签与单据三者相符合的情况下才能装运;运输过程应当轻放、轻卸,防止挤压和剧烈震动;运输过程应有完整的档案记录,并保留相应的单据。

#### 4.4.2 水箱车运输

##### 4.4.2.1 水箱规格

根据汽车吨位及车箱长短,选用不同规格的水箱,水箱大小宜与车箱相适;水箱内壁应光滑、无渗漏。

#### 4.4.2.2 供氧

根据运输距离备足氧气瓶,保证持续不断地向水箱中供气。

#### 4.4.2.3 装鱼数量

鳗鲡装载数量按表2规定执行。

表 2 水箱车运输水温、装鱼量及运输时间

| 水温,℃ | 水量,kg | 装鱼量,kg | 运输时间,h |
|---|---|---|---|
| ≤10 | 3 000 | 4 000 | ≤24 |
| 10~20 | 3 000(加冰块 100 kg) | 3 000 | ≤18 |
| 20~30 | 3 000(加冰块 200 kg) | 2 500 | ≤12 |

#### 4.4.2.4 换水

长途运输装车后每隔 12 h 换水一次。换水的水质应符合 GB 11607 的规定。

#### 4.4.2.5 运输管理

按 4.4.1.6 的规定执行。

ICS 67.120.30
B 53

# 中华人民共和国水产行业标准

SC/T 3101—2010
代替 SC/T 3101—1984

# 鲜大黄鱼、冻大黄鱼、鲜小黄鱼、冻小黄鱼

Fresh and frozen large yellow croaker & fresh and frozen small yellow croaker

2010-12-23 发布

2011-02-01 实施

中华人民共和国农业部 发布

# 前　言

本标准按照 GB/T 1.1—2009 给出的规则起草,是对 SC/T 3101—1984《鲜大黄鱼、鲜小黄鱼》的修订。

本标准与 SC/T 3101—1984 相比,主要修改内容如下:

——适用范围扩大为鲜、冻大黄鱼和鲜、冻小黄鱼;

——删除原标准中对规格的规定;

——对感官要求的内容作了适当的修改;

——增加了卫生指标的规定,取消了对细菌指标的规定;

——增加了"试验方法、检验规则及标志、包装、运输与贮存"方面的内容。

本标准由农业部渔业局提出。

本标准由全国水产标准化技术委员会水产品加工分技术委员会(SAC/TC156/SC3)归口。

本标准起草单位:中国水产科学研究院黄海水产研究所、国家水产品质量监督检验中心。

本标准主要起草人:王联珠、江艳华、翟毓秀、朱文嘉、刘建平。

本标准所代替标准的历次版本发布情况为:

——SC/T 3101—1984。

# 鲜大黄鱼、冻大黄鱼、鲜小黄鱼、冻小黄鱼

## 1 范围

本标准规定了鲜、冻大黄鱼和鲜、冻小黄鱼的要求、试验方法、检验规则、标识、包装、运输和贮存。

本标准适用于大黄鱼(*Pseudosciaena crocea*)、小黄鱼(*pseudosciaena polyactis*)的鲜品、冻品。

## 2 规范性引用文件

下列文件对于本文件的应用是必不可少的。凡是注日期的引用文件,仅所注日期的版本适用于本文件。凡是不注日期的引用文件,其最新版本(包括所有的修改单)适用于本文件。

GB 2733　鲜、冻动物性水产品卫生标准

GB 7718　预包装食品标签通则

JJF 1070　定量包装商品净含量计量检验规则

SC/T 3016—2004　水产品抽样方法

SC/T 3032　水产品中挥发性盐基氮的测定

## 3 要求

### 3.1 感官要求

#### 3.1.1 鲜鱼的感官要求

鲜鱼的感官要求应符合表1的规定。

表 1　感官要求

| 项　目 | 一　级　品 | 合　格　品 |
|---|---|---|
| 外　观 | 鳞片紧致、完整,呈金黄或虎黄色(包括白磷黄)、体表有光泽;鳃丝清晰,呈鲜红或紫红色,黏液透明;眼球饱满,角膜清晰 | 鳞片易擦落,呈淡黄色,光泽较差,鳃丝粘连,呈淡红或暗红色,黏液略混浊;眼球平坦或微陷,角膜稍混浊 |
| 组　织 | 肌肉坚实、组织紧密有弹性 | 肌肉稍软,弹性稍差 |
| 气　味 | 具有大黄鱼、小黄鱼固有气味,无异味 | 具有大黄鱼、小黄鱼固有气味,基本无异味 |
| 水煮试验 | 水煮后,具鲜鱼正常的鲜味,肌肉细腻,滋味鲜美 | 水煮后,具鲜鱼正常的鲜味 |

#### 3.1.2 冻鱼的感官要求

a) 单冻产品的个体间应易于分离,冰衣透明光亮。

b) 块冻产品冻块平整不破碎,冰被清洁并均匀盖没鱼体。鱼体大小均匀,排列整齐,无干耗、无软化现象。

c) 冻品解冻后的鱼体感官应符合表1的规定。

### 3.2 理化指标

理化指标应符合表2的规定。

表 2　理化指标

| 项　目 | 指　标 | |
|---|---|---|
| | 一级品 | 合格品 |
| 挥发性盐基氮,mg/100 g | ≤13 | ≤30 |
| 冻品中心温度,℃ | ≤−18(冻品出厂检验) | |

### 3.3 卫生指标

卫生指标应符合 GB 2733 的规定。

### 3.4 兽药残留

养殖大黄鱼的兽药残留指标及限量应符合国家有关规定。

### 3.5 净含量

冻鱼及预包装产品的净含量应符合 JJF 1070 的规定。

## 4 试验方法

### 4.1 感官检验

#### 4.1.1 常规检验

在光线充足、无异味或其他干扰的环境下,将样品置于清洁的白瓷盘上,按 3.1 条的规定逐项检验。

#### 4.1.2 水煮试验

　　a) 取约 100 g 鱼肉,清水冲洗后,切为 3 cm×3 cm 块,备用;

　　b) 在容器中加入 500 mL 饮用水,将水煮沸,再放入切好的鱼块,加盖,煮 5 min 后,打开盖,立即
　　　　闻气味,然后品尝鱼肉。

### 4.2 挥发性盐基氮的测定

按 SC/T 3032 的规定执行。

### 4.3 冻品中心温度

用钻头钻至冻块几何中心部位,取出钻头立即插入温度计,等温度计指示温度不再下降时读数。单冻产品可将温度计插入最小包装的中心位置,至温度计指示的温度不再下降时读数。

### 4.4 卫生指标

按 GB 2733 中规定的检验方法执行。

### 4.5 兽药残留指标

兽药残留的检测方法选用我国已公布的适用于水产品中兽药残留检测的国家及行业标准方法。

### 4.6 净含量偏差

净含量偏差的测定按 JJF 1070 的规定执行。

## 5 检验规则

### 5.1 组批规则与抽样方法

#### 5.1.1 组批规则

捕捞大黄鱼、小黄鱼按同一来源的鱼为同一检验批;养殖鲜大黄鱼以同一池或同一养殖场中养殖条件相同的鱼为同一检验批。冻大黄鱼、冻小黄鱼按同一加工班次的鱼为同一检验批。

#### 5.1.2 抽样方法

按 SC/T 3016—2004 的规定执行。

### 5.2 试样制备

按 SC/T 3016—2004 的规定执行。

### 5.3 检验分类

#### 5.3.1 出厂检验

每批冻鱼产品应进行出厂检验。出厂检验由生产单位质量检验部门执行,检验项目为感官及中心温度,检验合格后签发检验合格证,产品凭检验合格证出厂。

#### 5.3.2 型式检验

有下列情况之一时应进行型式检验。型式检验的项目为本标准中规定的全部项目。

a) 国家质量监督机构提出进行型式检验要求时；

b) 出厂检验与上次型式检验中的感官指标有较大差异时；

c) 来源改变时；

d) 养殖大黄鱼,当养殖环境变化时。

## 5.4 判定规则

5.4.1 感官检验结果应符合 3.1 的规定,合格样本数符合 SC/T 3016—2004 中表 1 的规定,则判为合格。

5.4.2 其他项目检验结果全部符合本标准要求时,判定为合格。

5.4.3 其他项目检验结果中有两项及两项以上指标不合格,则判为不合格。

5.4.4 其他项目检验结果中有一项指标不合格时,允许重新抽样复检,如仍不合格项则判为不合格。

## 6 标识、包装、运输、贮存

### 6.1 标识

鲜鱼产品应注明产品名称、来源、生产(捕捞)日期等。

预包装产品标签应符合 GB 7718 的规定。

### 6.2 包装

#### 6.2.1 包装材料

所用包装材料应坚固、洁净、无毒、无异味,符合食品卫生要求。

#### 6.2.2 包装要求

包装环境应符合卫生要求。包装操作应快速,确保鱼的鲜度及鱼体的完好。产品在包装物中应排列整齐。

### 6.3 运输

6.3.1 鲜鱼应用冷藏或保温车船运输,保持鱼体温度在 0℃ ~ 4℃ 之间。运输过程中应避免挤压与碰撞。

6.3.2 冻鱼宜用冷藏车船运输,运输过程中环境温度应低于－12 ℃。

6.3.3 运输工具应清洁、无毒、无异味、无污染,符合卫生要求。

### 6.4 贮存

6.4.1 鲜鱼贮藏温度应在 0℃~4℃ 之间。

6.4.2 贮藏库温度应低于－23 ℃,温度波动应保持在±2 ℃之内。不同规格、不同批次的产品应分别堆垛,并用垫板垫起,堆放高度以纸箱受压不变形为宜。

6.4.3 贮存环境应符合卫生要求,清洁、无毒、无异味、无污染,防止虫害和有毒物质的污染及其他损害。

ICS 67.120.30
X 20

# 中华人民共和国水产行业标准

SC/T 3102—2010
代替 SC/T 3102—1984

# 鲜、冻带鱼

Fresh and frozen ribbon fish

2010-12-23 发布

2011-02-01 实施

中华人民共和国农业部 发布

# 前　言

本标准按照 GB/T 1.1—2009 给出的规则起草,是对 SC/T 3102—1984《鲜带鱼》的修订。

本标准与 SC/T 3102—1984 相比,主要修改内容如下:

——适用范围扩大为鲜带鱼、冻带鱼;

——删除了原标准中规格的规定;

——对感官要求的内容作了适当的修改;

——增加了卫生指标的规定,取消了对细菌指标的规定;

——增加了"试验方法、检验规则及标志、包装、运输与贮存"方面的内容。

本标准由农业部渔业局提出。

本标准由全国水产标准化技术委员会水产品加工分技术委员会(SAT/TC 156/SC 3)归口。

本标准起草单位:中国水产科学研究院黄海水产研究所、舟山京洲水产食品有限公司、国家水产品质量监督检验中心。

本标准主要起草人:王联珠、江艳华、朱文嘉、何迎春、刘建平。

本标准所代替标准的历次版本发布情况为:

——SC/T 3102—1984。

# 鲜、冻带鱼

## 1 范围

本标准规定了鲜、冻带鱼的要求、试验方法、检验规则、标识、包装、运输和贮存。

本标准适用于带鱼(Trichiurus)鲜品、冻品。

## 2 规范性引用文件

下列文件对于本文件的应用是必不可少的。凡是注日期的引用文件,仅注日期的版本适用于本文件。凡是不注日期的引用文件,其最新版本(包括所有的修改单)适用于本文件。

GB 2733　鲜、冻动物性水产品卫生标准

GB 7718　预包装食品标签通则

JJF 1070　定量包装商品净含量计量检验规则

SC/T 3016—2004　水产品抽样方法

SC/T 3032　水产品中挥发性盐基氮的测定

## 3 要求

### 3.1 感官要求

#### 3.1.1 鲜鱼的感官要求

应符合表1的规定。

表 1　感官要求

| 项目 | 一级品 | 合格品 |
|------|--------|--------|
| 外观 | 体表呈银白色或银灰色,富有光泽,鱼鳞不易擦落;鳃呈鲜红或紫红色,黏液透明;眼球饱满,角膜清晰 | 体表呈银白色或银灰色,光泽稍差,脱鳞不超过体表四分之一;鳃呈淡红或暗红色,黏液略浑浊;眼球平坦或微陷,角膜稍浑浊 |
| 组织 | 肌肉坚实、组织紧密有弹性 | 肌肉稍软,弹性稍差 |
| 气味 | 具有鲜带鱼固有气味,无异味 | 具有鲜带鱼固有气味,基本无异味 |
| 水煮试验 | 水煮后,具鲜带鱼正常的鲜味,肌肉组织细腻,滋味鲜美 | 水煮后,具鲜带鱼正常的鲜味 |

#### 3.1.2 冻鱼的感官要求

a) 单冻产品的个体间应易于分离,冰衣透明光亮。

b) 块冻产品冻块平整不破碎,冰被清洁并均匀盖没鱼体。鱼体大小均匀,排列整齐,无干耗和软化现象。

c) 冻品解冻后的鱼体感官应符合表1的规定。

### 3.2 理化指标

理化指标应符合表2的规定。

表 2　理化指标

| 项　　目 | 指　　标 | |
|----------|------|------|
| | 一级品 | 合格品 |
| 挥发性盐基氮,mg/100 g | ≤13 | ≤30 |
| 冻品中心温度,℃ | ≤−18(冻品出厂检验) | |

### 3.3 卫生指标

卫生指标应符合 GB 2733 的规定。

### 3.4 净含量

冻鱼及预包装产品的净含量的规定应符合 JJF 1070 的规定。

## 4 试验方法

### 4.1 感官检验

#### 4.1.1 常规检验

在光线充足、无异味或其他干扰的环境下,将样品置于清洁的白瓷盘上,按 3.1 条的规定逐项检验。

#### 4.1.2 水煮试验

a) 取约 100 g 鱼肉,清水冲洗后,切成 3 cm×3 cm 块,备用。

b) 在容器中加入 500 mL 饮用水,将水煮沸,再放入切好的鱼块,加盖,煮 5 min 后,打开盖,立即闻气味,然后品尝鱼肉。

### 4.2 挥发性盐基氮的测定

按 SC/T 3032 的规定执行。

### 4.3 冻品中心温度

用钻头钻至冻块几何中心部位,取出钻头立即插入温度计,等温度计指示温度不再下降时读数。单冻产品可将温度计插入最小包装的中心位置,至温度计指示的温度不再下降时读数。

### 4.4 卫生指标

按 GB 2733 中规定的检验方法执行。

### 4.5 净含量偏差

净含量偏差的测定按 JJF 1070 的规定执行。

## 5 检验规则

### 5.1 组批规则与抽样方法

#### 5.1.1 组批规则

同一来源的鲜带鱼为同一检验批;同一加工班次的冻带鱼为同一检验批。

#### 5.1.2 抽样方法

按 SC/T 3016 的规定执行。

### 5.2 试样制备

按 SC/T 3016 的规定执行。

### 5.3 检验分类

#### 5.3.1 出厂检验

每批冻鱼产品应进行出厂检验。出厂检验由生产单位质量检验部门执行,检验项目为感官及中心温度,检验合格后签发检验合格证,产品凭检验合格证出厂。

#### 5.3.2 型式检验

有下列情况之一时应进行型式检验。型式检验的项目为本标准中规定的全部项目。

a) 国家质量监督机构提出进行型式检验要求时;

b) 出厂检验与上次型式检验有较大差异时;

c) 来源改变时。

### 5.4 判定规则

5.4.1 感官检验结果应符合 3.1 的规定,合格样本数应符合 SC/T 3016—2004 中表 A.1 的规定,则判为合格。

5.4.2 其他项目检验结果全部符合本标准要求时,判定为合格。

5.4.3 其他项目检验结果中有两项及两项以上指标不合格,则判为不合格。

5.4.4 其他项目检验结果中有一项指标不合格时,允许重新抽样复检,如仍不合格项则判为不合格。

# 6 标识、包装、运输、贮存

## 6.1 标识

鲜鱼产品应注明产品名称、来源和捕捞日期等。

预包装产品标签应符合 GB 7718 的规定。

## 6.2 包装

### 6.2.1 包装材料

所用包装材料应坚固、洁净、无毒、无异味,符合食品卫生要求。

### 6.2.2 包装要求

包装环境应符合卫生要求。包装操作应快速,确保鱼的鲜度及鱼体完好。产品在包装物中应排列整齐。

## 6.3 运输

6.3.1 鲜鱼用冷藏或保温车船运输,保持鱼体温度在 0℃～4℃之间。运输过程中应避免挤压与碰撞。

6.3.2 冻鱼宜用冷藏车船运输,运输过程中环境温度应低于-12℃。

6.3.3 运输工具应清洁、无毒、无异味、无污染,符合卫生要求。

## 6.4 贮存

6.4.1 鲜带鱼贮藏温度应在 0℃～4℃之间。

6.4.2 贮藏库温度应低于-23℃,温度波动应保持在±2℃之内。不同规格、不同批次的产品应分别堆垛,并用垫板垫起。堆放高度以纸箱受压不变形为宜。

6.4.3 贮存环境应符合卫生要求,清洁、无毒、无异味、无污染,防止虫害和有毒物质的污染及其他损害。

————————————

ICS 67.120.30

B 53

# 中华人民共和国水产行业标准

SC/T 3103—2010

代替 SC/T 3103—1984

# 鲜、冻鲳鱼

Fresh and frozen pomfret

2010-12-23 发布

2011-02-01 实施

中华人民共和国农业部 发布

# 前　言

本标准按照 GB/T 1.1—2009 给出的规则起草,是对 SC/T 3103—1984《鲜鲳鱼》的修订。

本标准与 SC/T 3103—1984 相比,主要修改内容如下:

——适用范围扩大为鲜鲳鱼、冻鲳鱼;

——删除了原标准中规格的规定;

——对感官要求的内容作了适当的修改;

——增加了卫生指标的规定,取消了对细菌指标的规定;

——增加了"试验方法、检验规则及标志、包装、运输与贮存"方面的内容。

本标准由农业部渔业局提出。

本标准由全国水产标准化技术委员会水产品加工分技术委员会(SAC/TC 156/SC 3)归口。

本标准起草单位:中国水产科学研究院黄海水产研究所、国家水产品质量监督检验中心、山东出入境检验检疫局。

本标准主要起草人:王联珠、朱文嘉、谭乐义、翟毓秀、江艳华、刘建平。

本标准所代替标准的历次版本发布情况为:

——SC/T 3103—1984。

# 鲜、冻鲳鱼

## 1 范围

本标准规定了鲜、冻鲳鱼的要求、试验方法、检验规则、标识、包装、运输与贮存。

本标准适用于银鲳（*Pampus argenteus*）、灰鲳（*Pampus cinereus*）、燕尾鲳（*Pampus nozawae*）的鲜品和冻品。

## 2 规范性引用文件

下列文件对于本文件的应用是必不可少的。凡是注日期的引用文件，仅注日期的版本适用于本文件。凡是不注日期的引用文件，其最新版本（包括所有的修改单）适用于本文件。

GB 2733　鲜、冻动物性水产品卫生标准

GB 7718　预包装食品标签通则

JJF 1070　定量包装商品净含量计量检验规则

SC/T 3016—2004　水产品抽样方法

SC/T 3032　水产品中挥发性盐基氮的测定

## 3 要求

### 3.1 感官要求

#### 3.1.1 鲜鱼的感官要求

应符合表 1 的规定。

**表 1　感官要求**

| 项　目 | 一级品 | 合格品 |
|---|---|---|
| 外　观 | 鱼体坚挺，体表有光泽；鳃丝清晰，呈鲜红色或略带暗红，黏液透明；眼球饱满，角膜清晰 | 体表光泽稍差；鳃呈淡红或暗红色，黏液略浑浊；眼球平坦或微陷，角膜稍浑浊 |
| 组　织 | 肌肉坚实，组织紧密有弹性 | 肌肉稍软，弹性稍差 |
| 气　味 | 具有鲳鱼固有气味，无异味 | 具有鲜带鱼固有气味，基本无异味 |
| 水煮试验 | 水煮后，具鲜鲳鱼正常的鲜味，肌肉组织细腻，滋味鲜美 | 水煮后，具鲜鲳鱼正常的鲜味 |

#### 3.1.2 冻鱼的感官要求

a)　单冻产品的个体间应易于分离，冰衣透明光亮。

b)　块冻产品冻块平整不破碎，冰被清洁并均匀盖没鱼体。鱼体大小均匀，排列整齐，无干耗和软化现象。

c)　冻品解冻后的鱼体感官应符合表 1 的规定。

### 3.2 理化指标

应符合表 2 的规定。

**表 2 理化指标**

| 项　目 | 指　标 | |
|---|---|---|
| | 一级品 | 合格品 |
| 挥发性盐基氮,mg/100 g | ≤18 | ≤30 |
| 冻品中心温度,℃ | ≤−18(冻品出厂检验) | |

### 3.3　卫生指标

卫生指标应符合 GB 2733 的规定。

### 3.4　净含量

冻鱼及预包装产品净含量的规定应符合 JJF 1070 的规定。

## 4　试验方法

### 4.1　感官检验

#### 4.1.1　常规检验

在光线充足、无异味或其他干扰的环境下,将样品置于清洁的白瓷盘上,按3.1的规定逐项检验。

#### 4.1.2　水煮试验

a)　取约 100 g 鱼肉,清水冲洗后,切成 3 cm×3 cm 块,备用;不足 100 g 的,清水冲洗后,切为小块,
　　备用。

b)　在容器中加入 500 mL 饮用水,将水煮沸,再放入切好的鱼块,加盖,煮 5 min 后打开盖,立即闻
　　气味,然后品尝鱼肉。

### 4.2　挥发性盐基氮的测定

按 SC/T 3032 的规定执行。

### 4.3　冻品中心温度

用钻头钻至冻块几何中心部位,取出钻头立即插入温度计,等温度计指示温度不再下降时读数。单
冻产品可将温度计插入最小包装的中心位置,至温度计指示的温度不再下降时读数。

### 4.4　卫生指标

按 GB 2733 中规定的检验方法执行。

### 4.5　净含量偏差

按 JJF 1070 的规定执行。

## 5　检验规则

### 5.1　组批规则与抽样方法

#### 5.1.1　组批规则

同一来源的鲜鲳鱼为同一检验批;同一加工班次的冻鲳鱼为同一检验批。

#### 5.1.2　抽样方法

按 SC/T 3016 的规定执行。

### 5.2　试样制备

按 SC/T 3016 的规定执行。

### 5.3　检验分类

#### 5.3.1　出厂检验

每批冻鱼产品应出厂检验。出厂检验由生产单位质量检验部门执行,检验项目为感官及中心温度。
检验合格后签发检验合格证,产品凭检验合格证出厂。

#### 5.3.2 型式检验

有下列情况之一时应进行型式检验。型式检验的项目为本标准中规定的全部项目。

a) 国家质量监督机构提出进行型式检验要求时；

b) 出厂检验与上次型式检验中的感官指标有较大差异时；

c) 来源改变时。

### 5.4 判定规则

5.4.1 感官检验结果应符合 3.1 的规定，合格样本数应符合 SC/T 3016—2004 中表 A.1 的规定，则判为合格。

5.4.2 其他项目检验结果全部符合本标准要求时，判定为合格。

5.4.3 其他项目检验结果中有两项及两项以上指标不合格，则判为不合格。

5.4.4 其他项目检验结果中有一项指标不合格时，允许重新抽样复检，如仍不合格项则判为不合格。

## 6 标识、包装、运输、贮存

### 6.1 标识

鲜鱼产品的标签应注明产品名称、来源和捕捞日期等。

预包装产品标签应符合 GB 7718 的规定。

### 6.2 包装

#### 6.2.1 包装材料

所用包装材料应坚固、洁净、无毒、无异味，符合食品卫生要求。

#### 6.2.2 包装要求

包装环境应符合卫生要求。包装操作应快速，确保鱼的鲜度及鱼体完好。产品在包装物中应排列整齐。

### 6.3 运输

6.3.1 鲜鱼应用冷藏或保温车船运输，保持鱼体温度在 0℃～4℃之间。运输过程中应避免挤压与碰撞。

6.3.2 冻鱼宜用冷藏车船运输，运输过程中环境温度应低于—12℃。

6.3.3 运输工具应清洁、无毒、无异味、无污染，符合卫生要求。

### 6.4 贮存

6.4.1 鲜鱼贮藏温度应在 0℃～4℃之间。

6.4.2 贮藏库温度应低于—23℃，温度波动应保持在±2℃之内。不同规格、不同批次的产品应分别堆垛，并用垫板垫起。堆放高度以纸箱受压不变形为宜。

6.4.3 贮存环境应符合卫生要求，清洁、无毒、无异味、无污染，防止虫害和有毒物质的污染及其他损害。

ICS 67.120.30
B 53

# 中华人民共和国水产行业标准

SC/T 3104—2010
代替 SC/T 3104—1986

# 鲜、冻蓝圆鲹

Fresh and frozen blue scad

2010-12-23 发布　　　　　　　　　　　　　2011-02-01 实施

## 中华人民共和国农业部 发布

# 前　言

本标准依据 GB/T 1.1—2009 的规定,对 SC/T 3104—1986《鲜蓝圆鲹》进行修订。

本标准与 SC/T 3104—1986 相比主要变化如下:

——适用范围扩大为鲜、冻蓝圆鲹;

——将原标准中的"技术要求"改为"要求"、"感官指标"改为"感官要求";

——对感官要求的内容作了适当的修改,增加了"气味"和"蒸煮试验"项的要求;

——删除了原标准中"规格"的规定;

——增加了卫生指标的规定,取消了对细菌指标的规定;

——增加了"试验方法、检验规则及标识、包装、运输与贮存"方面的内容。

本标准由农业部渔业局提出。

本标准由全国水产标准化技术委员会水产加工分技术委员会(SAC/TC 156/SC 3)归口。

本标准起草单位:中国水产科学研究院南海水产研究所。

本标准主要起草人:刁石强、李来好、杨贤庆、吴燕燕、陈胜军、岑剑伟、周婉君。

本标准所代替标准的历次版本发布情况为:

——GB 6640—86;

——SC/T 3104—1986。

# 鲜、冻蓝圆鲹

## 1 范围

本标准规定了鲜、冻蓝圆鲹的要求、试验方法、检验规则、标识、包装、运输和贮存。

本标准适用于蓝圆鲹(*Decapterus maruadsi*)鲜品和冻品。

## 2 规范性引用文件

下列文件对于本文件的应用是必不可少的。凡是注日期的引用文件,仅注日期的版本适用于本文件。凡是不注日期的引用文件,其最新版本(包括所有的修改单)适用于本文件。

GB 2733　鲜、冻动物性水产品卫生标准

GB 7718　预包装食品标签通则

GB/T 5009.45—2003　水产品卫生标准的分析方法

JJF 1070　定量包装商品净含量计量检验规则

SC/T 3016—2004　水产品抽样方法

SC/T 3032　水产品中挥发性盐基氮的测定

## 3 要求

### 3.1 感官要求

#### 3.1.1 鲜品的感官要求

鲜品的感官要求应符合表1的规定。

表1　鲜品的感官要求

| 项　目 | 要　　求 | |
| --- | --- | --- |
| | 一级品 | 合格品 |
| 外观 | 鱼体稍硬、完整、无破肚,鳞片完整,不易脱落,体表光泽明亮;鳃丝清晰,呈鲜红或淡红色,黏液少而透明;眼球饱满,角膜清晰明亮 | 鱼体稍软、完整、腹部稍涨、无破肚,鳞片易脱落,体表光泽稍暗;鳃丝稍浊,呈暗红或紫红色,黏液稍多;眼球平坦或稍陷,角膜稍混浊 |
| 肌肉 | 肌肉组织紧密有弹性,切面有光泽,肌纤维清晰 | 肌肉组织稍软,弹性稍差,肌纤维较清晰 |
| 气味 | 具有鲜蓝圆鲹固有的气味,无异味 | 具有鲜蓝圆鲹固有的气味,鳃部腥味较浓,无异臭味 |
| 蒸煮试验 | 蒸煮后,具鲜蓝圆鲹正常的鲜味,口感肌肉组织紧密,滋味鲜美 | 蒸煮后,气味正常,口感肌肉组织稍松散,滋味较鲜 |
| 注:当感官不能判定产品质量时,应进行蒸煮试验。 | | |

#### 3.1.2 冷冻品的感官要求

a) 单冻产品的个体间应易于分离,冰衣透明光亮。

b) 块冻产品的冻块平整不破碎,冰被清洁并均匀覆盖鱼体。鱼体大小均匀,排列整齐,无干耗、无软化现象。

c) 冻品解冻后的鱼体感官要求应符合表1的规定。

### 3.2 理化指标

理化指标应符合表2的规定。

表 2 理化指标

| 项 目 | 指 标 | |
|---|---|---|
| | 一级品 | 合格品 |
| 挥发性盐基氮,mg/100 g | ≤13 | ≤30 |
| 组胺,mg/100 g | ≤100 | |
| 冻品中心温度,℃ | ≤−18(冻品出厂检验) | |

### 3.3 卫生指标

卫生指标应符合 GB 2733 的规定。

### 3.4 净含量

冻鱼及预包装产品的净含量规定应符合 JJF 1070 的规定。

## 4 试验方法

### 4.1 感官检验

#### 4.1.1 常规检验

在光线充足、无异味的环境中,将试样放在白色搪瓷盘或不锈钢工作台上进行感官检验,按本标准3.1 条的规定逐项检验;气味评定时,用刀切开鱼体的几个部位,直接鼻嗅其气味以作判定。

#### 4.1.2 水煮试验

a) 取约 100 g 鱼肉,清水冲洗后,切为 3 cm×3 cm 块,备用。

b) 在容器中加入 500 mL 饮用水,将水煮沸,再放入切好的鱼块,加盖,煮 5 min 后,打开盖,立即闻气味,然后品尝鱼肉。

### 4.2 理化指标的测定

#### 4.2.1 挥发性盐基氮

按 SC/T 3032 的规定执行。

#### 4.2.2 组胺

按 GB/T 5009.45—2003 中 4.4 条的规定执行。

#### 4.2.3 鱼体中心温度

a) 块冻产品:将样品从冷库取出后立即用钻头钻至冻块几何中心部位,快速取出钻头并插入温度计,等温度计指示温度不再下降时读数。

b) 单冻产品:将样品从冷库取出后立即将温度计插入最小包装的中心位置,至温度计指示的温度不再下降时读数。

### 4.3 卫生指标

按 GB 2733 中规定的检验方法执行。

### 4.4 净含量偏差

净含量偏差的测定按 JJF 1070 的规定执行。

## 5 检验规则

### 5.1 组批规则与抽样方法

#### 5.1.1 组批规则

同一来源的鲜蓝圆鲹为同一检验批;同一加工班次的蓝圆鲹产品为同一检验批。

#### 5.1.2 抽样方法

按 SC/T 3016 的规定执行。

## 5.2 试样制备

按 SC/T 3016—2004 中附录 C 的规定执行。

## 5.3 检验分类

分为出厂检验和型式检验。

### 5.3.1 出厂检验

每批产品应进行出厂检验。出厂检验由生产单位质检部门执行,检验项目为感官及鱼体中心温度,检验合格后签发检验合格证,产品凭合格证出厂。

### 5.3.2 型式检验

有下列情况之一时应进行型式检验。型式检验的项目为本标准中规定的全部项目。

a) 国家质量监督机构提出进行型式检验要求时;

b) 出厂检验与上次型式检验有较大差异时;

c) 产品来源改变时。

## 5.4 判定规则

5.4.1 感官检验结果应符合 3.1 的规定,合格样本数符合 SC/T 3016—2004 中表 A.1 规定,则判为合格。

5.4.2 其他项目检验结果全部符合本标准要求时,判定为合格;

5.4.3 其他项目检验结果中有两项及两项以上指标不合格,则判为不合格;

5.4.4 其他项目检验结果中有一项指标不合格时,允许重新抽样复检,如仍不合格项则判为不合格。

## 6 标识、包装、运输、贮存

## 6.1 标识

鲜鱼产品应注明产品名称、来源和捕捞日期等。

预包装产品标签应符合 GB 7718 的规定。

## 6.2 包装

### 6.2.1 包装材料

所用包装材料应坚固、洁净、无毒、无异味,符合食品卫生要求。

### 6.2.2 包装要求

包装环境应符合卫生要求。包装操作应快速,确保鱼的鲜度及鱼体的完好。产品在包装物中应排列整齐。

## 6.3 运输

6.3.1 鲜鱼用冷藏或保温车船运输,保持鱼体温度在 0℃～4℃ 之间。运输过程中应避免挤压与碰撞。

6.3.2 冻鱼宜用冷藏车船运输,运输过程中环境温度应低于 -12℃。

6.3.3 运输工具应清洁、无毒、无异味、无污染,符合卫生要求。

## 6.4 贮存

6.4.1 鲜蓝圆鲹贮藏温度应在 0℃～4℃ 之间。

6.4.2 贮藏库温度应低于 -23℃,温度波动应保持在 ±2℃ 之内。不同规格、不同批次的产品应分别堆垛,并用垫板垫起,堆放高度以纸箱受压不变形为宜。

6.4.3 贮存环境应符合卫生要求,清洁、无毒、无异味、无污染,防止虫害和有毒物质的污染及其他损害。

ICS 67.120.30
B 53

# 中华人民共和国水产行业标准

SC/T 3106—2010
代替 SC/T 3106—1988

# 鲜、冻海鳗

Fresh and frozen marine eel

2010-12-23 发布

2011-02-01 实施

# 中华人民共和国农业部 发布

SC/T 3106—2010

# 前　言

本标准按照 GB/T 1.1—2009 给出的规则起草,是对 SC/T 3106—1988《鲜海鳗》的修订。

本标准与 SC/T 3106—1988 相比,主要修改内容如下:

——适用范围扩大为鲜海鳗、冻海鳗;

——删除了原标准中规格的规定;

——对感官要求的内容作了适当的修改;

——增加了卫生指标的规定,取消了对细菌指标的规定;

——增加了"试验方法、检验规则及标志、包装、运输与贮存"方面的内容。

本标准由农业部渔业局提出。

本标准由全国水产标准化技术委员会水产品加工分技术委员会(SAC/TC156/SC3)归口。

本标准起草单位:中国水产科学研究院黄海水产研究所、舟山市越洋食品有限公司、山东出入境检验检疫局、国家水产品质量监督检验中心。

本标准主要起草人:王联珠、朱文嘉、谭乐义、翟毓秀、王岳庆、江艳华、刘建平。

本标准所代替标准的历次版本发布情况为:

——SC/T 3106—1988。

# 鲜、冻海鳗

## 1 范围

本标准规定了鲜、冻海鳗的要求、试验方法、检验规则、标识、包装、运输与贮存。

本标准适用于海鳗(*Muraenesox cinereus*)、星鳗(*Astroconger myriaster*)鲜品、冻品。

## 2 规范性引用文件

下列文件对于本文件的应用是必不可少的。凡是注日期的引用文件,仅所注日期的版本适用于本文件。凡是不注日期的引用文件,其最新版本(包括所有的修改单)适用于本文件。

GB 2733　鲜、冻动物性水产品卫生标准

GB 7718　预包装食品标签通则

JJF 1070　定量包装商品净含量计量检验规则

SC/T 3016—2004　水产品抽样方法

SC/T 3032　水产品中挥发性盐基氮的测定

## 3 要求

### 3.1 感官要求

#### 3.1.1 鲜鱼的感官要求

鲜鱼的感官要求应符合表1的规定。

表 1　感官要求

| 项　目 | 一级品 | 合格品 |
|---|---|---|
| 外观 | 体表有光泽,黏液透明,肛门紧缩;鳃丝清晰,呈鲜红色或紫红色;眼球凸出,角膜清晰明亮 | 体表光泽稍差,黏液稍浑浊;鳃呈淡红或暗红色;眼球平坦或微陷,角膜稍浑浊 |
| 组织 | 肌肉坚实、组织紧密有弹性 | 肌肉稍软,弹性稍差 |
| 气味 | 具有海鳗固有气味,无异味 | 具有鲜海鳗固有气味,基本无异味 |
| 水煮试验 | 水煮后,具鲜海鳗正常的鲜味,肌肉组织细腻,滋味鲜美 | 水煮后,具鲜海鳗正常的鲜味 |

#### 3.1.2 冻鱼的感官要求

a)　单冻产品的个体间应易于分离,冰衣透明光亮;

b)　块冻产品冻块平整不破碎,冰被清洁并均匀盖没鱼体,鱼体大小均匀,排列整齐,无干耗、无软化现象;

c)　冻品解冻后的鱼体感官应符合表1的规定。

### 3.2 理化指标

理化指标应符合表2的规定。

表 2　理化指标

| 项　目 | 指　标 | |
|---|---|---|
| | 一级品 | 合格品 |
| 挥发性盐基氮,mg/100 g | ≤15 | ≤30 |
| 冻品中心温度,℃ | ≤−18(冻品出厂检验) | |

## 3.3 卫生指标

卫生指标应符合 GB 2733 的规定。

## 3.4 净含量

冻鱼及预包装产品的净含量的规定应符合 JJF 1070 的规定。

## 4 试验方法

### 4.1 感官检验

#### 4.1.1 常规检验

在光线充足、无异味或其他干扰的环境下,将样品置于清洁的白瓷盘上,按 3.1 的规定逐项检验。

#### 4.1.2 水煮试验

a) 取约 100 g 的鱼肉,清水冲洗后,切为 3 cm×3 cm 块,备用;

b) 在容器中加入 500 mL 饮用水,将水煮沸,再放入切好的鱼块,加盖,煮 5 min 后,打开容器盖,迅速闻气味,品尝鱼肉。

### 4.2 挥发性盐基氮的测定

按 SC/T 3032 的规定执行。

### 4.3 冻品中心温度

用钻头钻至冻块几何中心部位,取出钻头立即插入温度计,等温度计指示温度不再下降时读数。单冻产品可将温度计插入最小包装的中心位置,至温度计指示的温度不再下降时读数。

### 4.4 卫生指标

按 GB 2733 中规定的检验方法执行。

### 4.5 净含量偏差

净含量偏差的测定按 JJF 1070 的规定执行。

## 5 检验规则

### 5.1 组批规则与抽样方法

#### 5.1.1 组批规则

鲜海鳗同一来源的为同一检验批;冻海鳗同一加工班次的为同一检验批。

#### 5.1.2 抽样方法

按 SC/T 3016—2004 的规定执行。

### 5.2 试样制备

按 SC/T 3016—2004 的规定执行。

### 5.3 检验分类

#### 5.3.1 出厂检验

每批冻鱼产品应进行出厂检验。出厂检验由生产单位质量检验部门执行,检验项目为感官及中心温度,检验合格后签发检验合格证,产品凭检验合格证出厂。

#### 5.3.2 型式检验

有下列情况之一时应进行型式检验。型式检验的项目为本标准中规定的全部项目。

a) 国家质量监督机构提出进行型式检验要求时;

b) 出厂检验与上次型式检验中的感官指标有较大差异时;

c) 来源改变时。

### 5.4 判定规则

5.4.1 感官检验结果应符合3.1的规定,合格样本数应符合 SC/T 3016—2004 中表1的规定,则判为合格。

5.4.2 其他项目检验结果全部符合本标准要求时,判定为合格;

5.4.3 其他项目检验结果中有两项及两项以上指标不合格,则判为不合格;

5.4.4 其他项目检验结果中有一项指标不合格时,允许重新抽样复检,如仍不合格项则判为不合格。

## 6 标识、包装、运输、贮存

### 6.1 标识

鲜鱼产品应注明产品名称、来源和捕捞日期等。

预包装产品标示应符合 GB 7718 的规定。

### 6.2 包装

#### 6.2.1 包装材料

所用包装材料应坚固、洁净、无毒、无异味,符合食品卫生要求。

#### 6.2.2 包装要求

包装环境应符合卫生要求,环境温度应低于10℃。包装操作应快速,确保鱼的鲜度及鱼体完好。产品在包装中应排列整齐。

### 6.3 运输

6.3.1 鲜鱼应用冷藏或保温车船运输,保持鱼体温度在 0℃～4℃之间。运输过程中应避免挤压与碰撞。

6.3.2 冻鱼宜用冷藏车船运输,运输过程中环境温度应低于−12℃。

6.3.3 运输工具应清洁、无毒、无异味、无污染,符合卫生要求。

### 6.4 贮存

6.4.1 鲜鱼贮藏温度应在 0℃～4℃之间。

6.4.2 贮藏库温度应低于−23℃,温度波动应保持在±2℃之内。不同规格、不同批次的产品应分别堆垛,并用垫板垫起,堆放高度以纸箱受压不变形为宜。

6.4.3 贮存环境应符合卫生要求,清洁、无毒、无异味、无污染,防止虫害和有毒物质的污染及其他损害。

ICS 67.120.30

B 53

# 中华人民共和国水产行业标准

SC/T 3107—2010

代替 SC/T 3107—1984

# 鲜、冻乌贼

Fresh and frozen cuttlefish

2010-12-23 发布

2011-02-01 实施

# 中华人民共和国农业部 发布

# 前　言

本标准按照 GB/T 1.1—2009 给出的规则起草，是对 SC/T 3107—1984《鲜乌贼》的修订。

本标准与 SC/T 3107—1984 相比，主要修改内容如下：

——变更了标准适用范围；

——对"感官要求"的内容作了适当的修改；

——删去了"规格指标"；

——增加了"卫生指标"；

——增加了相应的"试验方法、检验规则及标识、包装、运输与贮存"方面的内容。

本标准由农业部渔业局提出。

本标准由全国水产标准化技术委员会水产品加工分技术委员会（SAC/TC 156/SC 3）归口。

本标准起草单位：中国水产科学研究院东海水产研究所。

本标准主要起草人：顾润润、蔡友琼、徐捷、沈晓盛、王媛。

本标准所代替标准的历次版本发布情况为：

——SC/T 3107—1984。

# 鲜、冻乌贼

## 1 范围

本标准规定了鲜、冻乌贼的要求、试验方法、检验规则、标识、包装、运输和贮存。

本标准适用于乌贼科（*Sepiidae*）中各属的鲜品（包括新鲜品、冰鲜品和冷冻后再解冻品，以下文中均简称鲜品）和冷冻品。

## 2 规范性引用文件

下列文件对于本文件的应用是必不可少的。凡是注日期的引用文件，仅所注日期的版本适用于本文件。凡是不注日期的引用文件，其最新版本（包括所有的修改单）适用于本文件。

GB 2733　鲜、冻动物性水产品卫生标准

GB 7718　预包装食品标识通则

JJF 1070　定量包装商品净含量计量检验规则

SC/T 3016—2004　水产品抽样方法

SC/T 3032　水产品中挥发性盐基氮的测定

## 3 要求

### 3.1 感官要求

#### 3.1.1 鲜品的感官要求

鲜品的感官应符合表1的规定。

表 1　鲜品的感官要求

| 项　目 | 指　标 | |
| --- | --- | --- |
| | 一级品 | 合格品 |
| 外　观 | 表皮完整，呈微青色，墨汁易擦去 | 表皮可稍有破损，呈自然混色，墨汁不易擦去 |
| 肌　肉 | 肉质紧密，切面呈洁白色 | 肉质较紧密，切面呈白色或乳白色 |
| 气　味 | 具固有气味 | 无异味 |
| 水煮试验 | 水煮后具有正常的气味和鲜味，肌肉组织细腻、有嚼劲 | 水煮后无异常气味，有鲜味，肌肉质感较好 |

#### 3.1.2 冰品的感官要求

单冻产品的个体间应易于分离，冰衣透明光亮。块冻产品冻块平整不破碎，冰衣清洁并均匀盖没胴体。胴体大小均匀，排列整齐，无干耗、无软化现象，无可见杂物。

### 3.2 理化指标

理化指标应符合表2的规定。

表 2　理化指标

| 项　目 | 指　标 | |
| --- | --- | --- |
| | 一级品 | 合格品 |
| 挥发性盐基氮（VBN），mg/100 g | ≤18 | ≤30 |
| 中心温度，℃ | ≤−18℃（冻品，仅限于出厂检验） | |

### 3.3 卫生指标

卫生指标应符合 GB 2733 的规定。

### 3.4 净含量

冻品及预包装产品的净含量应符合 JJF 1070 的规定。

## 4 试验方法

### 4.1 感官检验

#### 4.1.1 常规检验

在光线充足、无异味或其他干扰的环境下,将样品置于清洁的白瓷盘上,按 3.1 规定逐项检验。

#### 4.1.2 水煮试验

    a) 取约 100 g 乌贼肉,清水冲洗,切成约 3 cm×3 cm 小块,备用;

    b) 在容器中加入 500 mL 饮用水,将水煮沸后,把切好的小块放入开水中,加盖,煮 5 min 后,打开盖,立即闻气味,然后品尝肉块。

### 4.2 挥发性盐基氮(VBN)的测定

按 SC/T 3032 的规定执行。

### 4.3 冻品中心温度

用钻头钻至冻块几何中心部位,取出钻头立即插入温度计,待温度计指示温度不再下降时读数。单冻产品可将温度计插入最小包装的中心位置,至温度计指示温度不再下降时读数。

### 4.4 卫生指标

按 GB 2733 中检验方法的规定执行。

### 4.5 净含量

净含量偏差的测定,按 JJF 1070 的规定执行。

## 5 检验规则

### 5.1 组批规则与抽样方法

#### 5.1.1 组批规则

    a) 鲜品以同一来源的为一个检验批;

    b) 冻品以一个加工批次为一个检验批。

#### 5.1.2 抽样方法

按 SC/T 3016 的规定执行。

### 5.2 试样制备

将样品清洗后,取可食部分,绞碎混合均匀;试样为 400 g,分为两份,其中一份用于检验,另一份作为留样。

### 5.3 检验分类

#### 5.3.1 出厂检验

每批产品应进行出厂检验。出厂检验由生产单位质量检验部门执行,检验项目为感官检验和冻品中心温度,检验合格后签发检验合格证,产品凭检验合格证出厂。

#### 5.3.2 型式检验

有下列情况之一时应进行型式检验。型式检验的项目为本标准中规定的全部项目。

    a) 国家质量监督机构提出进行型式检验要求时;

    b) 出厂检验与上次型式检验中的指标有较大差异时;

    c) 来源发生改变时。

#### 5.4 判定规则

5.4.1 感官检验结果应符合 3.1 的规定,合格样本数符合 SC/T 3016—2004 中表 1 的规定,则判为感官合格;

5.4.2 感官指标、理化指标、卫生指标和净含量检验结果全部符合相应标准要求时,判该批产品合格;

5.4.3 卫生指标中有一项指标不合格,即判该批产品不合格;

5.4.4 感官指标、理化指标和净含量检验结果中有两项及两项以上指标不合格,则判该批产品为不合格;

5.4.5 感官指标、理化指标和净含量检验结果中有一项指标不合格时,允许重新抽样复检,以复检结果判定该批产品。

## 6 标识、包装、运输和贮存

### 6.1 标识

预包装产品的标识应符合 GB 7718 的规定,注明产品名称、产地(捕捞海区)、生产(捕捞)日期及保质期、产品执行标准和保存方式等。

### 6.2 包装

#### 6.2.1 包装材料

所用包装材料应坚固、洁净、无毒、无异味,符合食品卫生要求。

#### 6.2.2 包装要求

包装环境应符合卫生要求。包装操作应快速,确保产品的鲜度和胴体的完好。产品在包装物中应排列整齐。

### 6.3 运输

6.3.1 鲜品应用冷藏或保温车、船运输,保持胴体温度在 0℃～4℃之间。运输过程中应避免挤压和碰撞。

6.3.2 冻品用冷藏或保温车、船运输,保持胴体温度低于－12℃。

6.3.3 运输工具应清洁、无毒、无异味、无污染,符合卫生要求。

### 6.4 贮存

6.4.1 鲜品的贮藏温度应在 0℃～4℃之间。

6.4.2 贮藏库温度低于－18℃,库温波动应保持在±3℃内。不同品种,不同规格,不同等级、批次的产品应分别堆垛,并用垫板垫起,堆放高度以包装箱受压不变形为宜。中心温度低于－8℃的转运冻品可直接入库,否则必须复冻后入库。

6.4.3 贮存环境应符合卫生要求,清洁、无毒、无异味、无污染,防止虫害和有毒物质的污染及其他损害。

ICS 67.120.30
X 20

# 中华人民共和国水产行业标准

SC/T 3119—2010

# 活 鳗 鲡

## Live eel

2010-12-23 发布

2011-02-01 实施

中华人民共和国农业部 发布

SC/T 3119—2010

# 前　言

本标准遵照 GB/T 1.1—2009 给出的规则起草。

本标准由中华人民共和国农业部提出。

本标准由全国水产标准化技术委员会(SAC/TC 156)归口。

本标准主要起草单位：福建省水产研究所、中国渔协鳗业工作委员会、福建省水产技术推广总站。

本标准主要起草人：吴成业、刘智禹、关景象、王奇欣、曹爱英、刘兆均、刘海新、叶玫、贺学荣。

# 活 鳗 鲡

## 1 范围

本标准规定了活鳗鲡的产品要求、试验方法、检验规则以及标志、包装及运输方法。

本标准适用于日本鳗鲡(*Anguilla japonica*)、欧洲鳗鲡(*Anguilla Anguilla*)及美洲鳗鲡(*Anguilla rostrut*)等活鳗鲡商品的产、销质量评定。

## 2 规范性引用文件

下列文件对于本文件的应用是必不可少的。凡是注日期的引用文件,仅注日期的版本适用于本文件。凡是不注日期的引用文件,其最新版本(包括所有的修改单)适用于本文件。

GB 4789.4　食品卫生微生物学检验　沙门氏菌检验

GB 4789.7　食品卫生微生物学检验　副溶血性弧菌检验

GB 4789.10　食品卫生微生物学检验　金黄色葡萄球菌检验

GB 4789.30　食品卫生微生物学检验　单核细胞增生性李斯特菌检验

GB/T 5009.12　食品中铅的测定

GB/T 5009.15　食品中镉的测定

GB/T 5009.17　食品中总汞及有机汞的测定

GB/T 20361　水产品中孔雀石绿和结晶紫残留量的测定　高效液相色谱荧光检测法

SC/T 3015　水产品中土霉素、四环素、金霉素残留量的测定

SC/T 3016　水产品抽样方法

SC/T 3018　水产品中氯霉素残留量的测定

SC/T 3028　水产品中榀喹酸残留量的测定　液相色谱法

SN/T 0216　出口禽肉中尼卡巴嗪残留量检验方法

SN/T 0690　出口禽肉中乙胺嘧啶残留量检验方法

NY 5051　无公害食品　淡水养殖用水水质

NY 5070　无公害食品　水产品中渔药残留限量

农业部 783 号公告—1—2006　水产品中硝基呋喃类代谢物残留量的测定　液相色谱—串联质谱法

农业部 958 号公告—12—2007　水产品中磺胺类药物残留量的测定　液相色谱法

## 3 要求

### 3.1 感官要求

活鳗鲡的感官要求见表 1。

表 1　活鳗鲡的感官要求

| 项目 | | 指　　标 |
|---|---|---|
| 外观 | 形态 | 体态匀称,无畸形;鱼体健康,游动活泼,无损伤;不得有烂鳍、烂鳃、体表红肿发溃、斑纹赤点等病鳗症状 |
| | 色泽 | 背部呈深青灰色或银灰色,腹部近白色,腹背黑白分明,具有活鳗鲡固有的光泽;体表有黏液 |
| 滋气味 | | 气味正常,无臭土味、青苔味、油味等异味存在 |

### 3.2 安全指标

#### 3.2.1 重金属指标

活鳗鲡产品中的重金属指标见表2。

表2 活鳗鲡产品中的重金属指标

| 项　　目 | 指　　标 |
|---|---|
| 甲基汞,mg/kg | ≤0.5 |
| 铅,mg/kg | ≤0.5 |
| 镉,mg/kg | ≤0.1 |

#### 3.2.2 药物残留限量

活鳗鲡产品中的渔药残留限量见表3。

表3 活鳗鲡中的渔药残留限量

| 项　　目 | 指　　标 |
|---|---|
| 土霉素,mg/kg | ≤0.2 |
| 磺胺甲基嘧啶,mg/kg | ≤0.02 |
| 磺胺二甲嘧啶,mg/kg | ≤0.01 |
| 磺胺-6-甲氧嘧啶,mg/kg | ≤0.03 |
| 磺胺二甲氧嘧啶,mg/kg | ≤0.04 |
| 磺胺喹𭋛啉,mg/kg | ≤0.05 |
| 乙胺嘧啶,mg/kg | ≤0.05 |
| 𭋛喹酸,mg/kg | ≤0.3 |
| 尼卡巴嗪,mg/kg | ≤0.02 |
| 氯霉素 | 不得检出 |
| 孔雀石绿 | 不得检出 |
| 结晶紫 | 不得检出 |
| 硝基呋喃类代谢物 | 不得检出 |

#### 3.2.3 微生物指标

活鳗鲡的微生物指标见表4。

表4 活鳗的微生物指标

| 名　　称 | 指　　标 |
|---|---|
| 致病菌(沙门氏菌、金黄色葡萄球菌、单核细胞增生性李斯特菌、副溶血性弧菌) | 不得检出 |

## 4 试验方法

### 4.1 感官检验

将试样放于清洁的白色容器中,在光线充足、无其他干扰的环境下,由经培训、考核合格、持证上岗的检验人员在互不影响的条件下,按3.1感官指标进行逐项检验。

### 4.2 甲基汞的测定

按GB/T 5009.17的规定执行。

### 4.3 铅的测定

按GB/T 5009.12的规定执行。

### 4.4 镉的测定

按GB/T 5009.15的规定执行。

## 4.5 土霉素的测定

按 SC/T 3015 的规定执行。

## 4.6 磺胺甲基嘧啶、磺胺二甲嘧啶、磺胺-6-甲氧嘧啶、磺胺二甲氧嘧啶、磺胺喹 啉的测定

按农业部 958 号公告—12—2007 规定的方法执行。

## 4.7 乙胺嘧啶的测定

按 SN/T 0690 的规定执行。

## 4.8 喹酸的测定

按 SC/T 3028 的规定执行。

## 4.9 尼卡巴嗪的测定

按 SN/T 0216 的规定执行。

## 4.10 氯霉素的测定

按 SC/T 3018 的规定执行。

## 4.11 孔雀石绿、结晶紫的测定

按 GB/T 20361 的规定执行。

## 4.12 硝基呋喃类代谢物的测定

按农业部 783 号公告—1—2006 规定的方法执行。

## 4.13 沙门氏菌的检验

按 GB 4789.4 的规定执行。

## 4.14 金黄色葡萄球菌的检验

按 GB 4789.10 的规定执行。

## 4.15 单核细胞增生性李斯特菌的检验

按 GB 4789.30 的规定执行。

## 4.16 副溶血性弧菌的检验

按 GB 4789.7 的规定执行。

## 5 检验规则

### 5.1 检验批

按同一时间、同一来源(同一鱼池)的鳗鲡归类为同一检验批。

### 5.2 抽样方法

抽样方法按 SC/T 3016 的规定执行。

### 5.3 试样制备

用于安全指标检验的鳗鲡样品,清洗后,去头、骨、内脏,取肌肉等可食部分绞碎混合均匀后备用。试样量为 400 g,分为两份,其中一份用于检验,另一份作为留样。

### 5.4 检验分类

#### 5.4.1 出场检验

每批次产品必须进行出场检验。出场检验由生产单位质量检验部门执行。检验项目为感官检验,如有使用国家允许使用的渔药,应严格执行休药期制度,否则出场时应增加对该项药残的检验。

#### 5.4.2 型式检验

有下列情况之一时应进行型式检验。型式检验的项目为本标准中规定的全部项目。

a) 新建鳗鲡养殖场养成的鳗鲡;

b) 养殖环境发生变化,可能影响产品质量时;

c) 有关行政主管部门提出进行型式检验要求时；

d) 出场检验与上次型式检验有较大差异时；

e) 正常生产时,每一个养殖阶段至少一次周期性检验。

## 5.5 检验结果的评定

5.5.1 感官检验所检项目应全部符合 3.1 条规定;如有一项指标不合格,允许重新抽样复检,如仍有不合格项则判为产品不合格。

5.5.2 安全指标的检验结果中有一项指标不合格,则判本批产品不合格,不得复验。

## 6 标志、包装、运输、贮存

### 6.1 标志

每批产品应标明产品名称、数量、产地、生产单位和销售单位、出场日期。

### 6.2 包装

活鳗鲡采用尼龙袋充氧包装,包装材料应无毒、无害,符合食品卫生要求;活体运输用水的水质应符合 NY 5051 的规定;包装过程要对活鳗鲡进行降温,并放入冰块,温度保持在 4℃～6℃。

### 6.3 运输

活鳗鲡在运输中应保证氧气充足,确保鳗鲡存活。

### 6.4 贮存

活鳗鲡贮存时,暂养水质应符合 NY 5051 的规定;活体暂养所用场地、设备应具备安全、无污染等条件。

ICS 67.120.30
X 20

# 中华人民共和国水产行业标准

SC/T 3302—2010
代替 SC/T 3302—2000

# 烤 鱼 片

## Roasted fish fillet

2010-12-23 发布

2011-02-01 实施

中华人民共和国农业部 发布

# 前　言

本标准按照 GB/T 1.1—2009 给出的规则起草,是对 SC/T 3302—2000《烤鱼片》的修订。

本标准与 SC/T 3302—2000 相比,主要修改内容如下:

——不再对产品进行分级;

——修改了水分指标;

——修改了盐分指标;

——增加了亚硫酸盐指标;

——修改了卫生指标的规定。

本标准由农业部渔业局提出。

本标准由全国水产标准化技术委员会水产品加工分技术委员会(SAC/TC 156/SC 3)归口。

本标准起草单位:中国水产科学研究院黄海水产研究所、中国水产舟山海洋渔业公司、石狮市华宝明祥食品有限公司、好当家集团有限公司。

本标准主要起草人:王联珠、戎素红、江艳华、刘鹏飞、朱文嘉、唐聚德、孙永军、刘天红、李猛。

本标准所代替标准的历次发布日期:1986 年 7 月、2000 年 1 月。本次修订为第二次修订。

# 烤 鱼 片

## 1 范围

本标准规定了烤鱼片的要求、试验方法、检验规则、标签、包装、运输及贮存。

本标准适用于以马面鲀（*Navodon modestus*）、鳕鱼（*Gadus macrocephalus*）为原料，经剖片、漂洗、调味、烘干、烤熟、轧松等工序制成的产品。由其他海水鱼制成的烤鱼片可参照执行。

## 2 规范性引用文件

下列文件对于本文件的应用是必不可少的。凡是注日期的引用文件，仅所注日期的版本适用于本文件。凡是不注日期的引用文件，其最新版本（包括所有的修改单）适用于本文件。

GB 317 白砂糖

GB 2733 鲜、冻动物性水产品卫生标准

GB 2760 食品添加剂使用卫生标准

GB 5009.3 食品安全国家标准 食品中水分的测定

GB/T 5009.34 食品中亚硫酸盐的测定

GB 5461 食用盐

GB 5749 生活饮用水卫生标准

GB 6388 运输包装收发货标志

GB 7718 预包装食品标签通则

GB/T 8967 谷氨酸钠（味精）

GB 10144 动物性水产干制品卫生标准

GB/T 18108 鲜海水鱼

GB/T 18109 冻海水鱼

GB/T 27304 食品安全管理体系 水产品加工企业要求

JJF 1070 定量包装商品净含量计量检验规则

SC/T 3011 水产品中盐分测定

SC/T 3016—2004 水产品抽样方法

## 3 要求

### 3.1 原辅材料

3.1.1 原料鱼：冰鲜或冷冻鱼，质量符合 GB 2733、GB/T 18108、GB/T 18109 的要求。

3.1.2 盐：符合 GB 5461 的规定。

3.1.3 白糖：符合 GB 317 的规定。

3.1.4 味精：符合 GB/T 8967 的规定。

3.1.5 生产用水：符合 GB 5749 的规定。

3.1.6 食品添加剂：加工中使用的添加剂品种及用量应符合 GB 2760 的规定。

3.1.7 其他辅料：应符合相应的标准及有关规定。

### 3.2 加工

加工过程的管理应符合 GB/T 27304 的规定。

### 3.3 感官要求

感官要求见表1。

**表 1 感官要求**

| 项 目 | 要 求 |
|---|---|
| 色 泽 | 具有本品固有的色泽,色泽均匀 |
| 形 态 | 具有本品固有的形态,鱼片的形状完好 |
| 组 织 | 肉质疏松,有嚼劲,无僵片 |
| 滋味及气味 | 滋味鲜美,咸甜适宜,具有烤鱼特有香味,无异味 |
| 杂 质 | 无肉眼可见外来杂质 |

### 3.4 理化指标

理化指标见表2。

**表 2 理化指标**

| 项 目 | 指 标 |
|---|---|
| 水分,% | ≤22 |
| 盐分(以 NaCl 计),% | ≤6 |
| 亚硫酸盐(以 $SO_2$ 计),mg/kg | ≤30 |

### 3.5 卫生指标

卫生指标应符合 GB 10144 的规定。

### 3.6 净含量

净含量应符合 JJF 1070 的规定。

## 4 试验方法

### 4.1 感官

在光线充足、无异味的环境中,将试样平置于白色搪瓷盘或不锈钢工作台上,按本标准3.3条的规定逐项进行感官检验。

### 4.2 水分

按 GB 5009.3 的规定执行。

### 4.3 盐分

按 SC/T 3011 的规定执行。

### 4.4 亚硫酸盐

按 GB/T 5009.34 的规定执行。

### 4.5 卫生指标

按 GB 10144 中规定的检验方法执行。

### 4.6 净含量检验

按 JJF 1070 的规定执行。

## 5 检验规则

### 5.1 组批规则与抽样方法

#### 5.1.1 组批规则

在原料及生产条件基本相同的情况下,同一天或同一班组生产的产品为一批。按批号抽样。

#### 5.1.2 抽样方法

**5.1.2.1** 感官、净含量、理化指标：按 SC/T 3016—2004 的规定执行。

**5.1.2.2** 微生物指标：在提交的产品中随机抽取 3 箱，从每箱中随机抽取未打开包装的产品 1 袋～3 袋，抽取不低于 250 g 的样品作为微生物指标检验试样。

### 5.2 检验分类

#### 5.2.1 出厂检验

每批产品必须进行出厂检验。出厂检验由生产单位质量检验部门执行，检验项目为感官、净含量、水分、盐分、菌落总数、大肠菌群。检验合格签发检验合格证，产品凭检验合格证入库或出厂。

#### 5.2.2 型式检验

有下列情况之一时应进行型式检验。检验项目为本标准中规定的全部项目。

a) 长期停产，恢复生产时；

b) 原料变化或改变主要生产工艺，可能影响产品质量时；

c) 出厂检验与上次型式检验有差异时；

d) 国家质量监督机构提出进行型式检验要求时；

e) 正常生产时，每 6 个月至少一次的周期性检验。

### 5.3 判定规则

**5.3.1** 检验项目全部符合标准要求，判该批产品为合格品。

**5.3.2** 感官检验所检项目全部符合 3.3 条规定，合格样本数符合 SC/T 3016—2004 中 A.1 规定，则判为批合格。

**5.3.3** 除微生物指标外，其他指标检验结果中有两项及两项以上指标不合格，则判本批产品不合格；有一项指标不合格，允许加倍抽样将此项指标复验一次，按复验结果判定本批产品是否合格。

**5.3.4** 微生物检验结果有一项不符合标准要求，判该批产品为不合格品。

## 6 标签、标志、包装、运输、贮存

### 6.1 标签、标志

**6.1.1** 销售包装的标签应符合 GB 7718 的规定。

**6.1.2** 运输包装上的标志应符合 GB 6388 规定。

### 6.2 包装

#### 6.2.1 包装材料

所用塑料袋、纸盒、瓦楞纸箱等包装材料应为食品级包装材料，包装材料应洁净、牢固、无毒、无异味。

#### 6.2.2 包装要求

产品须密封包装，一定数量的小袋宜装入大袋（或盒），再装入纸箱中。箱中产品要求排列整齐，大袋或箱中应加产品合格证，纸箱应用封箱带粘牢或用打包带捆扎。

### 6.3 运输

运输工具应清洁卫生、无异味，运输中防止日晒、虫害、有害物质的污染，不得靠近或接触有腐蚀性物质，不得与气味浓郁物品混运。

### 6.4 贮存

**6.4.1** 产品宜贮藏于阴凉干燥、清洁、卫生、无异味、有防鼠防虫设备的库内，防止虫害和有害物质的污染及其他损害。

6.4.2 不同品种、规格、批次的产品应分别堆垛,并用垫板垫起,堆放高度以纸箱受压不变形为宜。

———————————————

ICS 47.020.99
U 06

# 中华人民共和国水产行业标准

SC/T 8117—2010
代替 SC/T 8117—2001

# 玻璃纤维增强塑料渔船木质阴模制作

Female die making of wooden for fiberglass reinforced plastic fishing vessel

2010-05-20 发布　　　　　　　　　　　　　　2010-09-01 实施

中华人民共和国农业部 发布

# 前　言

本标准代替 SC/T 8117—2001《玻璃钢渔船木质阴模制作》,本标准与 SC/T 8117—2001 相比变化如下:

——将木质阴模模具分为整体式和横向分模式;

——增加了横向分模式模具的制作;

——增加了模具的检验;

——增加了模具的质量控制;

——修改了某些表述,如 1 范围、表 1 注等。

本标准由中华人民共和国农业部提出。

本标准由全国渔船标准化技术委员会(SAC/TC157)归口。

本标准起草单位:山东省海洋水产研究所、山东省乳山市渔轮厂、农业部渔业船舶检验局。

本标准主要起草人:周忠良、魏广东、丁惠杰、贾秀全、李焕军、汤宪春、高奖。

本标准所代替标准的历次版本发布情况为:

——SC/T 8117—2001。

# 玻璃纤维增强塑料渔船木质阴模制作

## 1 范围

本标准规定了玻璃纤维增强塑料渔船木质阴模的模具骨材制作、整体式木质阴模制作、横向分模式木质阴模制作、质量控制。

本标准适用于玻璃纤维增强塑料渔船木质阴模的制作。其他玻璃纤维增强塑料船艇亦可参考应用。

## 2 规范性引用文件

下列文件对于本文件的应用是必不可少的。凡是注日期的引用文件,仅所注日期的版本适用于本文件。凡是不注日期的引用文件,其最新版本(包括所有的修改单)适用于本文件。

SC/T 8067—2001 玻璃钢渔船建造质量要求

《玻璃纤维增强塑料渔业船舶建造与修理规范》(2008) 中华人民共和国渔业船舶检验局

## 3 模具骨材制作

3.1 选材。按照《玻璃纤维增强塑料渔业船舶建造与修理规范》(2008)中 2.2.4.7～2.2.4.10 和 2.3.6 进行。

3.2 模具肋骨按照放样图取材,内侧宽度应留出模具纵骨和胶合板厚度。

3.3 模具肋骨的尺寸见表 1。

### 表 1 模具骨材的尺寸

| 船总长($L$)<br>m | 空船重量<br>t | 肋骨<br>(宽度×厚度)<br>mm | 标准肋距<br>mm | 纵骨<br>(宽度×厚度×间距)<br>mm |
|---|---|---|---|---|
| $4 \leqslant L < 6$ | $\leqslant 2$ | $100 \times 15$ | | $45 \times 15 \times 150(120$ 底部$)$ |
| $7 \leqslant L < 13$ | $2 \sim 6$ | $100 \times 20$ | | $60 \times 18 \times 150(120$ 底部$)$ |
| $13 \leqslant L < 16$ | $6 \sim 10$ | $100 \times 25$ | | $60 \times 24 \times 150(120$ 底部$)$ |
| $16 \leqslant L < 19$ | $10 \sim 24$ | $130 \times 30$ | $500$ | $60 \times 24 \times 150(120$ 底部$)$ |
| $20 \leqslant L < 26$ | $24 \sim 31$ | $150 \times 30$ | | $60 \times 24 \times 150(100$ 底部$)$ |
| $26 \leqslant L < 33$ | $31 \sim 58$ | $180 \times 35$ | | $65 \times 26 \times 150(100$ 底部$)$ |
| $33$ 以上 | $58$ 以上 | $200 \times 40$ | | $75 \times 30 \times 150(100$ 底部$)$ |

注 1:以船总长参数为基准。

注 2:随着肋骨间距的大小调整构件尺寸。

## 4 整体式木质阴模制作

4.1 模具横剖面见图 1。

### 4.2 骨架的组装

4.2.1 模具应组装在硬质地面上。

4.2.2 铺设墩木。墩木横截面尺寸 H×B 以 200 mm×150 mm 为宜,间距不大于 2 m。沿船长方向固定在地上,且使上表面水平。

4.2.3 架设枕木。枕木横截面尺寸 H×B 以 150 mm×100 mm 为宜,和墩木、肋骨、斜撑相邻工作面要

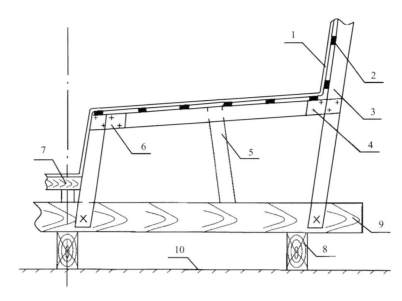

| 1——内衬版; | 6——夹板; |
|---|---|
| 2——纵骨; | 7——龙骨板; |
| 3——肋骨; | 8——墩木; |
| 4——螺栓; | 9——枕木; |
| 5——斜撑; | 10——硬质地面。 |

图 1 模具横剖面示意图

刨平,其中一面压在墩木上,另一面与肋骨搭接,其纵向位置与模具肋骨的位置相匹配,并要牢固地钉在墩木上。

4.2.4 架设肋骨。肋骨按放样切割、加工后,若为分块组合,则应用夹板及螺栓连接固定。其与枕木贴合面及装设纵骨面应平直。确认定位后,用钉子与枕木初步固定。

4.2.5 加固肋骨。肋骨全面定位后,要进行整体调整、光顺,各枕木用螺栓固定,相互间再用斜撑固定。

4.2.6 铺纵骨。纵骨的上、下面应刨光。铺设间距采用船底密、舷侧疏的原则,用钉子加木工胶固定在肋骨上。

### 4.3 内衬板的组装

4.3.1 内衬板的厚度应不小于 3 mm,其颜色应与预定船体的颜色有反差。

4.3.2 内衬板应用胶黏剂与纵骨胶接。

4.3.3 内衬板应光顺。

### 4.4 填角与勾缝

4.4.1 模具内表面的内衬板间的缝隙、孔眼及角隅处均应用腻子填补、抹平。

4.4.2 水线以下的缝隙可直接用胶纸带贴补。

4.4.3 在用腻子填补的地方,应用细砂纸研磨光滑。

4.4.4 不慎掉在内衬板上的腻子应及时擦拭干净。

## 5 横向分模式木质阴模制作

5.1 模具横剖面图见图 2。

5.2 骨架组装应满足 4.2 的要求。

5.3 内衬板的组装应满足 4.3 的要求。

5.4 填角与勾缝应满足 4.4 的要求。

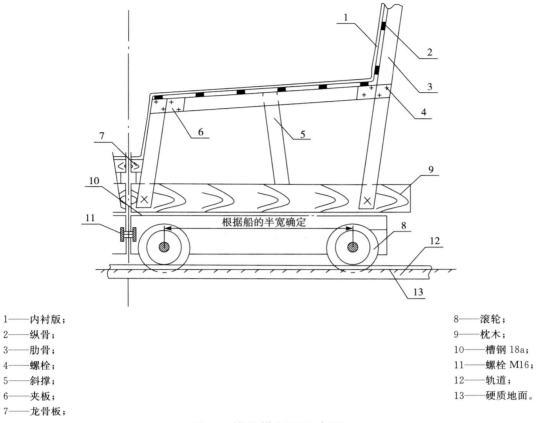

1——内衬版；
2——纵骨；
3——肋骨；
4——螺栓；
5——斜撑；
6——夹板；
7——龙骨板；

8——滚轮；
9——枕木；
10——槽钢 18a；
11——螺栓 M16；
12——轨道；
13——硬质地面。

**图 2　模具横剖面示意图**

5.5　模具纵向每 4 m 应设 2 个滚轮，模具滚轮间距不大于 4 m。模具的滚轮与模具紧密固定。固定形式及材料、轮毂尺寸等见图 3。

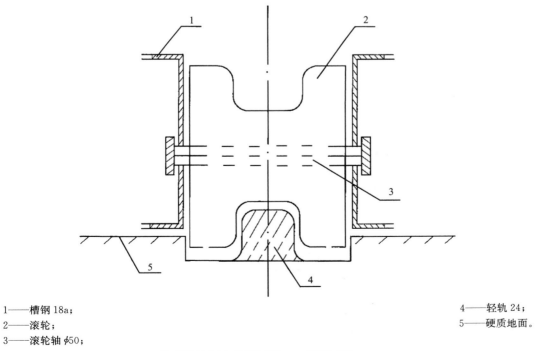

1——槽钢 18a；
2——滚轮；
3——滚轮轴 φ50；

4——轻轨 24；
5——硬质地面。

注：滚轮可自制，外围≥300 mm，厚度≥150 mm。

**图 3　模具滚轮横剖面示意图**

## 5.6 分模模具制作

5.6.1 模具组装为整体模后,底龙骨位置每 2 m 用可拆卸的 $\phi16$ 螺栓固定。内表面接缝处用塑胶纸贴平。

5.6.2 船体脱模时,先将船体用吊车吊起,脱离模具后(只要离开模具即可),将连接模具螺栓卸下,模具沿轨道分开。

## 6 质量控制

6.1 对制作模具材料的质量的控制,按照《玻璃纤维增强塑料渔业船舶建造与修理规范》(2008) 2.2.4.7～2.2.4.10 和 2.3.6 执行。

6.2 模具尺度检验的控制,应满足 SC/T 8067—2001 中 5.1～5.5 的要求

ICS 47.020.01
U 40

# 中华人民共和国水产行业标准

SC/T 8137—2010

# 渔船布置图专用设备图形符号

Graphical symbols of special equipments
on the arrangement plans of fishing vessel

2010-05-20 发布

2010-09-01 实施

中华人民共和国农业部 发布

SC/T 8137—2010

# 前　　言

本标准由中华人民共和国农业部渔业局提出。

本标准由全国渔船标准化技术委员会(SAC/TC 157)归口。

本标准主要起草单位:农业部渔业船舶检验局、中国水产科学院渔业机械仪器研究所、黄海造船有限公司。

本标准主要起草人:陈龙、辛衍民、刘立新、王玮。

# 渔船布置图专用设备图形符号

## 1 范围

本标准规定了渔船布置图中主要的专用设备图形符号(以下简称图形符号)。

本标准适用于渔船布置图的设绘。

## 2 规范性引用文件

下列文件对于本文件的应用是必不可少的。凡是注日期的引用文件,仅所注日期的版本适用于本文件。凡是不注日期的引用文件,其最新版本(包括所有的修改单)适用于本文件。

GB/T 4457.4 机械制图 图样画法 图线

## 3 一般规定

3.1 图形符号的大小由其所代表的专用设备尺寸按适当比例清晰表达。

3.2 图形符号的图线应按 GB/T 4457.4 的规定执行。

3.3 本标准未提到的渔船专用设备图形符号,在没有相应国家标准和行业标准规定的情况下,宜按设备实物投影制作。

3.4 图形符号中的设备原动机图形符号既可以在俯视图中表达,也可以在侧视图中表达。

## 4 专用设备图形符号

4.1 拖网渔船设备图形符号见表 1。

表 1 拖网渔船设备图形符号

| 序号 | 设 备 名 称 | 俯 视 图 | 侧 视 图 |
|---|---|---|---|
| 1 | 立式滚柱<br>vertical roller | | |

4.2 围网渔船设备图形符号见表 2。

表 2 围网渔船设备图形符号

| 序号 | 设 备 名 称 | 俯 视 图 | 侧 视 图 |
|---|---|---|---|
| 1 | 高低摩擦鼓轮绞纲机<br>high-low warping end winch | | |

表 2（续）

| 序号 | 设 备 名 称 | 俯 视 图 | 侧 视 图 |
|---|---|---|---|
| 2 | 鱼泵<br>fish pump | | |

4.3 金枪鱼延绳钓渔船设备图形符号见表3。

表 3　金枪鱼延绳钓渔船设备图形符号

| 序号 | 设 备 名 称 | 俯 视 图 | 侧 视 图 |
|---|---|---|---|
| 1 | 抛绳机<br>line throwing machine | | |
| 2 | 投饵机<br>feed throwing machine | | |
| 3 | 干线放线机<br>line casting machine | | |
| 4 | 排绳机<br>rope arrangment machine | | |
| 5 | 干线起线机<br>line hauler | | |
| 6 | 支线起线机<br>branch line winder | | |

表 3（续）

| 序号 | 设 备 名 称 | 俯 视 图 | 侧 视 图 |
|---|---|---|---|
| 7 | 输送带和扬绳机<br>belt conveyer and line arranger | | |
| 8 | 无线电浮标<br>radio buoy | | |

4.4 鱿鱼钓渔船设备图形符号见表4。

表 4 鱿鱼钓渔船设备图形符号

| 序号 | 设 备 名 称 | 俯 视 图 | 侧 视 图 |
|---|---|---|---|
| 1 | 鱿鱼钓机<br>squid jigging machine | | |
| 2 | 长网板架<br>long net-plate shelf | | |
| 3 | 短网板架<br>short net-plate shelf | | |

表 4（续）

| 序号 | 设 备 名 称 | 俯 视 图 | 侧 视 图 |
|---|---|---|---|
| 4 | 海锚<br>sea anchor | | |
| 5 | 艉帆<br>tail sail | | |
| 6 | 输鱼槽<br>fish channel | | |

4.5 其他渔船设备图形符号见表5。

表 5  其他渔船设备图形符号

| 序号 | 设 备 名 称 | 俯 视 图 | 侧 视 图 |
|---|---|---|---|
| 1 | 制冰机<br>ice crusher | | |
| 2 | 舷边动力滚柱<br>side power roller | | |
| 3 | 网位仪<br>net positional apparatus | | |

**表 5（续）**

| 序号 | 设 备 名 称 | 俯 视 图 | 侧 视 图 |
|------|-----------|---------|---------|
| 4 | 水上诱鱼灯<br>alluring fish lamp | | |
| 5 | 水下诱鱼灯<br>alluring fish lamp under water | | |

ICS 13.100
U 09

# 中华人民共和国水产行业标准

SC/T 8139—2010

# 渔船设施卫生基本条件

Basic conditions for the sanitation of fishing vessel facilities

2010-05-20 发布

2010-09-01 实施

中华人民共和国农业部 发布

# 前　言

本标准由中华人民共和国农业部渔业局提出。

本标准由全国渔船标准化技术委员会(SAC/TC 157)归口。

本标准起草单位:浙江省海洋水产研究所、农业部渔业船舶检验局、浙江渔业船舶检验局。

本标准主要起草人:郑斌、魏广东、郭观明、张小军、李芳、刘立新。

# 渔船设施卫生基本条件

## 1 范围

本标准规定了渔船理鱼区、鱼舱、卫生间、厨房、给排水设施、设备和器具及其他设施卫生的基本条件。

本标准适用于设有冰鲜鱼舱的渔船。

## 2 规范性引用文件

下列文件对于本文件的应用是必不可少的。凡是注日期的引用文件,仅所注日期的版本适用于本文件。凡是不注日期的引用文件,其最新版本(包括所有的修改单)适用于本文件。

GB 4237 不锈钢热轧钢板

GB 9688 食品包装用聚丙烯成型品卫生标准

GB 13115 食品容器及包装材料用不饱和聚酯树脂及其玻璃钢制品卫生标准

SC/T 8095 渔船隔热层发泡操作规程

SC/T 8123 木质渔船玻璃钢被覆施工工艺要求

## 3 基本条件

### 3.1 理鱼区

3.1.1 理鱼区与渔获物接触的表面应无毒、易清洁,尽可能减少渔获物黏液、血渍、鱼鳞、内脏的黏附,减少物理及微生物污染的风险。

3.1.2 理鱼区及其设施在处理完渔获物后,应及时用洁净海水或生活用水冲洗。

### 3.2 鱼舱

3.2.1 鱼舱应独立、专用。

3.2.2 鱼舱的底板、顶板和围壁的表面应采用防水、防腐、无毒、易于清洗消毒的材料。

3.2.3 舱口盖板的表面和鱼舱底板应防滑。

3.2.4 围壁应具备适当的抗撞击、划伤以及抗化学降解的能力。

3.2.5 鱼舱应及时进行维护,保持整洁。

3.2.6 鱼舱在使用前后应用洁净海水或饮用水冲洗,必要时用清洁剂清洗,然后用洁净海水或饮用水清洗干净,保持清洁。

3.2.7 鱼舱底部的结构应能够保证融冰水和清洗水的顺利排放。

3.2.8 鱼舱底应设置污水阱和吸口,及时抽排污水。

3.2.9 鱼舱材料及结构型式宜参照附录 A 的规定。

### 3.3 卫生间

3.3.1 围壁和顶板应铺设易于清洗消毒的防水材料。

3.3.2 地面应易于清洗消毒。

3.3.3 应安装易于清洗、消毒的冲水式便器,并保证其正常使用。

3.3.4 应配备脚踏式或其他非手动洗手装置。

3.3.5 应及时清洗、定期消毒。

### 3.4 厨房

3.4.1 门、围壁和顶部应铺设易于清洗消毒的不燃材料。

3.4.2 地面应铺设易于清洗消毒的防滑材料。

3.4.3 台面、洗盆和厨具应采用耐腐蚀、易于清洗消毒的材料。

3.4.4 应保持干净、整洁，定期进行清洗消毒。

### 3.5 给排水设施

3.5.1 理鱼区应配备清洗设施，提供充足的洁净海水或生活用水。

3.5.2 水泵和水管管路不得交叉使用。理鱼用的软管应保持清洁。

3.5.3 卫生间、厨房的排水管路不应通过理鱼区，且应设有逆流断路装置。

### 3.6 设备和器具

3.6.1 与渔获物接触的设备和器具，其设计和构造应尽可能减少棱角、突起、裂缝或缺口，防止污染物黏附。

3.6.2 存放渔获物的器具应由无毒、无害、防腐、易于清洗消毒的材料制作。

3.6.3 箱式和架式贮存器具结构应合理，避免对渔获物造成挤压。

3.6.4 接触渔获物的设备和器具应易于排水、清洁、消毒和保养。

### 3.7 其他

3.7.1 生活区、航行操作区、机器处所等应保持干净、整洁。

3.7.2 清洗剂、消毒剂、杀虫剂等应符合国家相关规定，专人保管，并做好使用记录，其使用应避免污染渔获物。

附　录　A

（资料性附录）

鱼舱材料与结构型式

## A.1　隔热层

A.1.1　隔热层的施工工艺和质量参见 SC/T 8095 的要求。

A.1.2　使用聚乙烯保温板作为隔热层材料时,其质量见表 A.1 的要求。

表 A.1　聚乙烯材料质量要求

| 项　　目 | 质　量　要　求 |
|---|---|
| 高锰酸钾消耗量,mg/L<br>水,60℃,2h | ≤10 |
| 重金属(以 Pb 计),mg/L<br>4％乙酸,60℃,2 h | ≤1 |
| 脱色试验<br>乙醇<br>冷餐油或无色油脂<br>浸泡液 | 阴性<br>阴性<br>阴性 |

A.1.3　用于鱼舱围壁的聚乙烯保温板厚度应大于 5 mm;用于鱼舱顶面的聚乙烯保温板厚度应大于 2 mm;用于鱼舱底面的聚乙烯保温板厚度应大于 10 mm。

## A.2　支撑层

A.2.1　应采用含水率小于 30％的木材作为支撑层材料。

A.2.2　对渔船进行改造时,木质材料须进行干燥,使含水率小于 30％。

A.2.3　鱼舱围壁和顶板的木材厚度应大于 15 mm,鱼舱底板的木材厚度应大于 30 mm。

## A.3　外护层

A.3.1　鱼舱围壁、顶板和底板外护层材料宜采用玻璃纤维增强塑料、不锈钢、聚丙烯、聚乙烯或其他性能相当的材料。

### A.3.2　玻璃纤维增强塑料

A.3.2.1　玻璃纤维增强塑料敷层厚度应不小于 2.5 mm。

A.3.2.2　玻璃纤维增强塑料的被覆施工操作参照 SC/T 8123 进行。

A.3.2.3　外护层玻璃纤维增强塑料及被覆玻璃纤维增强塑料所用的不饱和聚酯树脂质量应符合 GB 13115 的要求。

### A.3.3　不锈钢

A.3.3.1　不锈钢板应使用 316(0Cr17Ni12Mo2)或 316L(00Cr17Ni14Mo2)牌号的不锈钢材料。

A.3.3.2　不锈钢板的表面质量、化学成分和力学性能应符合 GB 4237 的要求。

A.3.3.3　不锈钢板的厚度应不小于 0.7 mm。

A.3.3.4　不锈钢外护层应用不锈钢铆钉固定在木板上,围壁不锈钢板面接缝采用上压下形式,搭接缝宽度不小于 10 mm。

**A.3.3.5** 不锈钢在加工过程中不应变形或磨损。

### A.3.4 聚丙烯

**A.3.4.1** 板材表面应光滑平整,无裂缝,无气泡,无穿孔,无明显杂质。

**A.3.4.2** 聚丙烯材料应符合 GB 9688 的卫生要求。

**A.3.4.3** 聚丙烯板材的质量应符合表 A.2 的要求。

表 A.2 聚丙烯材料质量要求

| 项　　　目 | 质　量　要　求 |
|---|---|
| 相对密度,g/cm³ | ≥0.90 |
| 纵、横拉伸强度,MPa | ≥24.0 |
| 纵、横弯曲强度,MPa | ≥35.0 |
| 纵向冲击强度(简支梁、缺口),kJ/m² | ≥15.0 |

**A.3.4.4** 用于鱼舱围壁表层的聚丙烯板厚度应大于 6 mm;用于鱼舱顶面的聚丙烯板厚度应大于 2 mm;用于鱼舱地板的聚丙烯板厚度应大于 10 mm。

**A.3.4.5** 聚丙烯板铺设按以下操作进行:聚丙烯板用不锈钢螺丝沿接缝固定于木板上,对板块间明显的缝隙应用熔化的聚丙烯灌缝。

### A.3.5 聚乙烯

**A.3.5.1** 板材表面应光滑平整,色泽正常,无异味、无异臭、无异物。

**A.3.5.2** 聚乙烯板材的质量应符合表 A.1 的要求。

**A.3.5.3** 聚乙烯板铺设按照以下操作进行:聚乙烯板用不锈钢螺丝沿接缝固定于木板上,板块间搭接不小于 2 mm。

## A.4 立柱

**A.4.1** 立柱宜采用不锈钢槽钢。

**A.4.2** 其他材料的立柱应包覆不锈钢或其他外护层。

## A.5 隔板

**A.5.1** 隔板内层宜采用硬质实木板,外表面采用不锈钢及其他材料。

**A.5.2** 隔板厚度应不小于 40 mm。

**A.5.3** 隔板表面不应有裂缝、突起。

**A.5.4** 隔板应易于清洗消毒。

## A.6 鱼舱口、盖

**A.6.1** 鱼舱口内表面和舱盖宜采用不锈钢材料。

**A.6.2** 鱼舱盖不锈钢板厚度不小于 3 mm,并设置加强筋。

**A.6.3** 保温鱼舱盖的保温材料宜采用乙烯/醋酸乙烯酯共聚物(EVA)或其他性能相当的材料。

ICS 65.150
B 50

# 中华人民共和国水产行业标准

SC/T 9401—2010

# 水生生物增殖放流技术规程

Technical specification for the stock enhancement
of hydrobios

2010-12-23 发布

2011-02-01 实施

中华人民共和国农业部 发布

# 前　言

本标准遵照 GB/T 1.1—2009 给出的规则起草。

本标准由中华人民共和国农业部渔业局提出。

本标准由全国水产标准化技术委员会渔业资源分技术委员会(SAC/TC 156/SC 10)归口。

本标准起草单位:山东省海洋捕捞生产管理站、中国水产科学研究院长江水产研究所。

本标准主要起草人:王四杰、王云中、涂忠、王熙杰、刘绍平、段辛斌、徐中发、信敬福。

# 水生生物增殖放流技术规程

## 1 范围

本标准规定了水生生物增殖放流的水域条件、本底调查,放流物种的质量、检验、包装、计数、运输、投放,放流资源保护与监测,效果评价等技术要求。

本标准适用于公共水域的水生生物增殖放流。

## 2 规范性引用文件

下列文件对于本文件的应用是必不可少的。凡是注日期的引用文件,仅注日期的版本适用于本文件。凡是不注日期的引用文件,其最新版本(包括所有的修改单)适用于本文件。

GB 11607 渔业水质标准

GB/T 12763 海洋调查规范

NY 5051 无公害食品 淡水养殖用水水质

NY 5052 无公害食品 海水养殖用水水质

NY 5070 无公害食品 水产品中渔药残留限量

NY 5071 无公害食品 渔用药物使用准则

NY 5072 无公害食品 渔用配合饲料安全限量

SC/T 2039 海水鱼类鱼卵、苗种计数方法

SC/T 9102 渔业生态环境监测规范

## 3 术语和定义

下列术语和定义适用于本文件。

### 3.1

**苗种 offspring**

用于增殖放流的水生生物的幼体、稚体、受精卵、种子及孢子等。

### 3.2

**亲体 parents**

已发育成熟且具备繁殖子代能力的水生生物个体。

### 3.3

**增殖放流 the stock enhancement**

采用放流、底播、移植等人工方式,向海洋、江河、湖泊、水库等公共水域投放亲体、苗种等活体水生生物的活动。

### 3.4

**规格合格率 size qualified rate**

符合规格要求的个体数占水生生物总数的百分比。

### 3.5

**死亡率 death rate**

死亡个体数占水生生物总数的百分比。

### 3.6

**伤残率**  wound and deformity rate

发育畸形或肢体残缺、损坏的个体数占水生生物总数的百分比。

3.7

**体色异常率**  abnormal body-colour rate

体色异常的个体数占水生生物总数的百分比。

3.8

**挂脏率**  viscera hanging rate

体表挂有附着性纤毛虫以外的附着物的个体数占水生生物总数的百分比。

3.9

**伞径**  unbrella diameter

海蜇类个体自然伸展时伞部边缘间的最大直径。

3.10

**资源监测**  fishery resources monitoring

对增殖放流资源状况(包括数量和质量)进行连续或定期的观测和分析。

## 4 水域条件

### 4.1 放流水域

4.1.1 系增殖放流对象的产卵场、索饵场或洄游通道。

4.1.2 非倾废区,非盐场、电厂、养殖场等进、排水区。

### 4.2 基本条件

4.2.1 水域生态环境良好,水流畅通,温度、盐度、硬度等水质因子适宜。

4.2.2 水质符合 GB 11607 的规定。

4.2.3 底质适宜,底质表层为非还原层污泥。

4.2.4 增殖放流对象的饵料生物丰富,敌害生物较少。

## 5 本底调查

增殖放流前,按照 GB/T 12763 和 SC/T 9102 的方法,对拟增殖放流水域进行生物资源与环境因子状况调查,并据此选划适宜增殖放流水域,筛选适宜增殖放流种类,确定适宜增殖放流物种的生态放流量及放流数量比例等。

## 6 放流物种质量

### 6.1 苗种来源

增殖放流苗种应当是本地种的原种或 $F_1$ 代,人工繁育的增殖放流苗种应由具备资质的生产单位提供。其中,水生经济生物苗种供应单位需持有《水产苗种生产许可证》;珍稀、濒危生物苗种供应单位需持有《水生野生动物驯养繁殖许可证》。禁止增殖放流外来种、杂交种、转基因种以及其他不符合生态要求的水生生物物种。

### 6.2 亲体来源

直接用于增殖放流的水生生物亲体由原种场提供;用于繁育增殖放流苗种的亲体应为本地野生原种或原种场保育的原种。

### 6.3 苗种培育

6.3.1 人工繁育增殖放流苗种按照有关苗种繁育技术规范进行。其中,引用的水源水质符合 GB

11607 的规定,苗种培育用水的水质符合 NY 5051 或 NY 5052 的规定。苗种培育中,投喂配合饲料符合 NY 5072 的规定,使用渔药符合 NY 5071 的规定,禁止使用国家、行业颁布的禁用药物。

**6.3.2** 人工繁育水生动物苗种,在放流前 15 d 开始投喂活饵进行野性驯化,在放流前 1 d 视自残行为和程度酌情安排停食时间。

### 6.4 物种质量

增殖放流物种质量应符合表 1 的要求。

**表 1　增殖放流物种质量要求**

| 项目 | 类　别 | | |
| --- | --- | --- | --- |
| | 水生动物 | 水生植物 | 种子、受精卵等 |
| 感官质量 | 规格整齐、活力强、外观完整、体表光洁 | 规格整齐、外观完整、叶片平滑舒展、色泽鲜亮纯正 | 规格整齐、外观完整 |
| 可数指标 | 规格合格率≥85%,死亡率、伤残率、体色异常率、挂脏率之和<5% | 规格合格率≥80%,死亡率、伤残率、体色异常率之和<5% | 死亡率、伤残率等之和<10%,受精卵受精率≥85% |
| 疫病 | 农业部公告第 1125 号规定的水生动物疫病病种(附录 A)不得检出 | — | 受精卵适应水生动物 |
| 药物残留 | 国家、行业颁布的禁用药物不得检出,其他药物残留符合 NY 5070 的要求 | | |

### 6.5 规格分类

主要增殖放流种类规格分类见表 2。

**表 2　主要增殖放流种类规格分类**

| 增殖放流种类 | 规　格　分　类 | |
| --- | --- | --- |
| | 大规格 | 小规格 |
| 鱼　类 | 平均代表长度≥80 mm | 80 mm>平均代表长度≥20 mm |
| 虾　类 | 平均体长≥25 mm | 25 mm>平均体长≥10 mm |
| 蟹　类 | 平均头胸甲宽≥20 mm | 20 mm>平均头胸甲宽≥6 mm |
| 贝　类 | 平均壳长≥20 mm | 20 mm>平均壳长≥5 mm |
| 海蜇类 | 平均伞径≥15 mm | 15 mm>平均伞径≥5 mm |
| 海参类 | 平均体重≥5 g | 5 g>平均体重≥1 g |
| 头足类 | 平均胴长≥30 mm | 30 mm>平均胴长≥10 mm |
| 龟鳖类 | 平均背甲长≥30 mm | 30 mm>平均背甲长≥10 mm |
| 大型水生植物 | 平均全长≥20 mm | 20 mm>平均全长≥5 mm |
| 注:鱼类代表长度按鱼种选测,执行 GB/T 12763 的有关规定。 | | |

### 6.6 规格测定

增殖放流物种的规格以放流现场测量为准。增殖放流物种出池前,逐池均量随机取样,取样总数量不少于 50 尾(粒、只、头、株),测量规格,计算规格合格率。规格合格率达到表 1 要求,准许出池放流。测量规格时,一并测量培育用水的温度、盐度、pH、溶解氧等参数,并填写增殖放流记录表(附录 B)。

## 7 检验

### 7.1 检验资质

增殖放流物种须经具备资质的水产品质量检验机构检验合格,由检验机构出具检验合格文件。

### 7.2 检验内容

执行 6.4 规定的项目。

### 7.3 检验时限

增殖放流物种须在增殖放流前 7 d 内组织检验。

## 7.4 检验组批

以一个增殖放流批次作为一个检验组批。

## 8 包装

### 8.1 包装工具

主要增殖放流种类包装工具应符合表3的要求。

表 3 主要增殖放流种类包装工具

| 增殖放流种类 | 游泳动物 | | 贝类 | 水生植物 | 种子、受精卵等 |
|---|---|---|---|---|---|
| | 小规格 | 大规格 | | | |
| 包装工具 | 内包装为双层无毒塑料袋，外包装为泡沫箱或纸箱等 | 活水车、帆布桶或塑料桶等 | 塑料编织袋或麻袋等 | 泡沫箱等 | 内包装为双层无毒塑料袋，外包装为泡沫箱或纸箱等 |

### 8.2 包装措施

8.2.1 根据增殖放流水域的温度、盐度提前调节培育用水的温度、盐度：温差≤2℃；盐差≤3。

8.2.2 根据增殖放流物种的耐氧性、规格、放流日气温及运输时间、运输方式等因素，合理确定包装密度，采取必要的充氧和控温措施。

8.2.3 除外包装工具，其他包装工具应在使用前消毒处理。

8.2.4 对于自残严重的物种，包装袋内须填充无毒隔离材料。

## 9 计数

### 9.1 计数方法

#### 9.1.1 全部重量法

适用于贝类、海参及大规格水生生物的增殖放流计数。对增殖放流生物全部称重，通过随机抽样计算单位重量的个体数量，折算增殖放流生物总数量。

#### 9.1.2 抽样重量法

适用于小规格鱼类、虾类、蟹类、贝类、海蜇类、种子等需塑料袋包装运输的增殖放流生物计数。将每计量批次放流生物全部均匀装袋后，通过随机抽袋，对袋中样品沥水(蟹类、海蜇类除外，其他种类不连续滴水为止)称重，按 9.1.1 的方法求出平均每袋生物数量，进而求得本计量批次增殖放流生物总数量。

#### 9.1.3 抽样数量法

适用于小规格鱼类、头足类、龟鳖类、水生植物等需塑料袋包装运输的增殖放流生物计数。将每计量批次放流生物全部均匀装袋后，通过随机抽袋，对袋中样品逐个计数求出平均每袋生物数量，进而求得本计量批次增殖放流生物的总数量。

#### 9.1.4 抽样面积或长度法

适用于固着于附着基上的水生植物增殖放流计数。抽样计数方法按 9.1.3 的方法进行。

#### 9.1.5 受精卵计数法

按照 SC/T 2039 的方法计数。

#### 9.1.6 逐个计数法

适用于大型濒危动物放流计数。对所有增殖放流生物逐个计数，求得总的放流数量。

### 9.2 抽样规则

9.2.1 计算单位重量生物数量时，大规格生物抽样重量(精度 5 g)不低于生物总重量的 0.1%，小规格生物抽样重量(精度 1 g)不低于生物总重量的 0.03%，小规格虾类抽样重量(精度 0.1 g)不低于生物总重量的 0.003%。最低抽样重量符合表 4 的要求。

表 4 主要增殖放流种类最低抽样重量

单位为克

| 增殖放流种类 | 大规格 | 小规格 | 备 注 |
|---|---|---|---|
| 鱼 类 | 2 500 | 250～500 | 净 重 |
| 虾 类 | 200 | 5 | 净 重 |
| 蟹 类 | 500 | 20(100) | 净重(毛重) |
| 贝 类 | 500 | 10 | 净 重 |
| 海蜇类 | 1 000 | 500 | 含水重 |
| 龟鳖类 | 500 | 50 | 净 重 |
| 海参类 | 500 | 100 | 净 重 |

9.2.2 抽样重量法和抽样数量法计数时,每个计量批次分别按总袋数的 0.5% 和 1% 随机抽袋,最低不少于三袋。

9.2.3 若一次性放流生物数量较多,应分成多个计量批次抽样计数。

## 10 运输

根据不同增殖放流种类选择不同的运输工具、运输方法和运输时间。运输过程中,避免剧烈颠簸、阳光暴晒和雨淋。运输成活率达到 90% 以上。

## 11 投放

### 11.1 投放时间
根据增殖放流对象的生物学特性和增殖放流水域环境条件确定适宜的投放时间。

### 11.2 气象条件
选择晴朗、多云或阴天进行增殖放流,其中,内陆水域最大风力五级以下,海洋最大风力七级以下。

### 11.3 投放方法
#### 11.3.1 常规投放
人工将水生生物尽可能贴近水面(距水面不超过 1 m)顺风缓慢放入增殖放流水域。在船上投放时,船速小于 0.5 m/s。

#### 11.3.2 滑道投放
适用于大规格鱼类、龟鳖类等水生生物增殖放流。将滑道置于船舷或岸堤,要求滑道表面光滑,与水平面夹角小于 60°,且其末端接近水面。在船上投放时,船速小于 1 m/s。

#### 11.3.3 潜水撒播
适用于海参、鲍、贝类等珍贵水生生物增殖放流。由潜水员将增殖放流生物均匀撒播到预定水域。

#### 11.3.4 移植栽培
适用于水生植物增殖放流。将水生生物直接或通过人工附着基间接移栽至水下附着物上。

### 11.4 投放记录
水生生物投放过程中,观测并记录投放水域的底质、水深、水温、盐度、流速、流向等水文参数及天气、风向和风力等气象参数。

## 12 放流资源保护与监测

### 12.1 资源保护
增殖放流资源保护措施主要包括:

——增殖放流前,对损害增殖放流生物的作业网具进行清理;在增殖放流水域周围的盐场、大型养殖场等纳水口设置防护网;

——增殖放流后,对增殖放流水域组织巡查,防止非法捕捞增殖放流生物资源;

——需特别保护的放流生物,在增殖放流水域设立特别保护区或规定特别保护期。

### 12.2 资源监测

增殖放流后,根据 GB/T 12763 和 SC/T 9102 的方法,定期监测增殖放流对象的生长、洄游分布及其环境因子状况。提倡进行标志放流。

## 13 效果评价

增殖放流后,进行增殖放流效果评价,编写增殖放流效果评价报告。效果评价内容包括生态效果、经济效果和社会效果等。其中,生态效果评价中的生态安全评价前后间隔不超过五年。

附　录　A

（资料性附录）

一、二、三类动物疫病病种目录（水生动物部分）

**一类动物疫病（3 种）**

蓝舌病、鲤春病毒血症、白斑综合征。

**二类动物疫病（21 种）**

多种动物共患病（4 种）：布鲁氏菌病、弓形虫病、棘球蚴病、钩端螺旋体病。

鱼类病（11 种）：草鱼出血病、传染性脾肾坏死病、锦鲤疱疹病毒病、刺激隐核虫病、淡水鱼细菌性败血症、病毒性神经坏死病、流行性造血器官坏死病、斑点叉尾　病毒病、传染性造血器官坏死病、病毒性出血性败血症、流行性溃疡综合征。

甲壳类病（6 种）：桃拉综合征、黄头病、罗氏沼虾白尾病、对虾杆状病毒病、传染性皮下和造血器官坏死病、传染性肌肉坏死病。

**三类动物疫病（24 种）**

多种动物共患病（7 种）：大肠杆菌病、李氏杆菌病、放线菌病、肝片吸虫病、丝虫病、附红细胞体病、Q 热。

鱼类病（7 种）：鮰类肠败血症、迟缓爱德华氏菌病、小瓜虫病、黏孢子虫病、三代虫病、指环虫病、链球菌病。

甲壳类病（2 种）：河蟹颤抖病、斑节对虾杆状病毒病。

贝类病（6 种）：鲍脓疱病、鲍立克次体病、鲍病毒性死亡病、包纳米虫病、折光马尔太虫病、奥尔森派琴虫病。

两栖与爬行类病（2 种）：鳖腮腺炎病、蛙脑膜炎败血金黄杆菌病。

## 附 录 B

### （规范性附录）

### _____（品种）增殖放流现场记录表

放流生物供应单位：_____        放流日期：___年___月___日 供应地点：_____

检验检疫合格日期：___年___月___日       检验检疫证书文号：_____

药物检测合格日期：___年___月___日       药物检测证书文号：_____

亲体来源：_____       生物生产(驯养繁殖)许可证编号：_____

| 规 格 及 参 数 测 量 | | | |
|---|---|---|---|
| 随机取样生物数量(尾) | | 生物培育池数量(个) | |
| 规格合格生物数量(尾) | | 培育水体(m³)或水面(m²) | |
| 规格合格率(%) | | 水温(℃) | |
| 平均规格(mm) | | 盐度 | |
| 规格分类 | □大规格  □小规格 | 溶解氧(mg/L) | |
| 单位水体(或水面)生物生产量(尾/m³ 或尾/m²) | | pH | |

| 包 装 | | | |
|---|---|---|---|
| 包装方式:□袋装 □桶装 □干装 □水装 | | 包装时间： 时 分至 时 分 | |
| 包装措施:(1)包装密度(尾/袋):  (2)控温措施:  (3)工具消毒:□是 □否  (4)隔离材料: | | | |

| 计 数 | | | | | | |
|---|---|---|---|---|---|---|
| 计数方法 | 计 数 参 数 | | | | | |
| 全部称重法 | A | | B | | C | |
| 抽样重量法 | A | | B | | D |   E      F |
| 抽样数量法 | D | | E | | F | |
| 抽样面积或长度法 | G | | H | | I | |
| 受精卵计数法 | | | | | | |
| 逐个计数法 | | | | | | |
| 计算生物数量(万单位)：         计数时间： 时 分至 时 分 | | | | | | |

| 运 输 | | |
|---|---|---|
| 运输方式:□车运  □船运  □其他 | | 运输时间： 时 分至 时 分 |

| 投 放 | | |
|---|---|---|
| 投放水域： | | 投放时间： 时 分至 时 分 |
| 投放方式:□常规投放  □滑道投放  □潜水撒播  □移植栽培 | | |
| 底质：  水深(m)：  水温(℃)：  盐度：  流向：  流速(m/s)：  风向：  风力(级)：  天气： | | |

    注：A:抽样生物重量(g),B:单位重量生物数量(尾/g),C:生物总重量(g),D:抽样器具数量(袋),E:平均每袋生物数量(尾/袋),F:总袋数(袋),G:抽样面积或长度(m² 或 m),H:单位面积或长度生物数量(尾/m² 或尾/m),I:总面积或总长度(m² 或 m)。

组织放流(验收)单位：_____     现场负责人：_____

抽样人：_____ 测量人：_____ 计数人：_____     记录人：_____

放流监督单位：_____        监督人：_____

ICS 65.150
B 50

# 中华人民共和国水产行业标准

SC/T 9402—2010

# 淡水浮游生物调查技术规范

Specifications for freshwater plankton surveys

2010-12-23 发布
2011-02-01 实施

## 中华人民共和国农业部 发布

# 目　次

# 前　言

本标准遵照 GB/T 1.1—2009 给出的规则起草。

本标准由农业部渔业局提出。

本标准由全国水产标准化技术委员会渔业资源分技术委员会(SAC/TC156/SC10)归口。

本标准起草单位:中国水产科学研究院长江水产研究所。

本标准主要起草人:刘绍平、邹桂伟、罗相忠、梁宏伟、徐忠法、段辛斌。

# 淡水浮游生物调查技术规范

## 1 范围

本标准规定了淡水浮游生物常规调查中所需的试剂与器具、水样采集与处理、种类鉴定、计数、生物量的计算、数据整理、浮游植物叶绿素和初级生产力的测定。

本标准适用于淡水浮游生物常规调查。

## 2 规范性引用文件

下列文件对于本文件的应用是必不可少的。凡是注日期的引用文件,仅注日期的版本适用于本文件。凡是不注日期的引用文件,其最新版本(包括所有的修改单)适用于本文件。

GB/T 7489 水质 溶解氧的测定 碘量法

GB/T 12763.6—2007 海洋调查规范 第6部分:海洋生物调查

## 3 试剂与器具

### 3.1 试剂

除非另有说明,在分析中仅使用确认为分析纯的试剂和蒸馏水或去离子水或相当纯度的水。

3.1.1 碳酸镁:粉末状。

3.1.2 碘液(鲁哥氏液):称取6 g碘化钾溶于20 mL蒸馏水中,待完全溶解后,加入4 g碘,摇动,至碘完全溶解,加入80 mL蒸馏水,贮存于磨口棕色试剂瓶中。

3.1.3 甲醛溶液(福尔马林):体积分数为40%。

3.1.4 布因(Bouinn)固定液:三硝基苯酚(苦味酸)饱和溶液75 mL、加入25 mL体积分数为40%的甲醛溶液和5 mL冰乙酸即成。

3.1.5 丙酮溶液:体积分数为90%。

3.1.6 测定溶解氧全套试剂:按GB/T 7489的规定执行。

### 3.2 主要器具

3.2.1 采水器:带卡盖的有机玻璃采水器,容积为500 mL、1 000 mL、2 500 mL、5 000 mL。

3.2.2 浮游生物网:用规格为96孔/cm(约相当于240目)的锦纶丝筛绢(JP)或规格为100孔/cm(约相当于254目)的涤纶丝筛绢(DP)制成25号浮游植物网;用规格为56孔/cm(约相当于142目)的锦纶丝筛绢(JP)或规格为64孔/cm(约相当于162目)的涤纶丝筛绢(DP)制成13号浮游动物网。

注:筛绢型号、规格和孔宽的参考值见GB/T 14014。

3.2.3 水样瓶:1 000 mL。

3.2.4 样品瓶:浮游生物定量样品瓶采用刻有30 mL或50 mL刻度线的玻璃试剂瓶或聚乙烯瓶,定性样品瓶采用30 mL～50 mL玻璃或聚乙烯瓶;浮游植物初级生产力测定的样品瓶采用150 mL～250 mL具玻璃塞的磨口细口试剂瓶;白瓶应厚薄均匀、无色透明;黑瓶可用棕色瓶外涂黑漆,或棕色瓶外套上用内层红布外层黑布做成的布口袋。

3.2.5 透明度盘(Sechi盘):直径20 cm或25 cm。

3.2.6 深水温度计:精度0.1℃。

3.2.7 流速仪。

3.2.8 GPS定位仪。

3.2.9 沉淀器:1 000 mL圆筒形玻璃沉淀器或1 000 mL圆筒形分液漏斗。

3.2.10 乳胶管或U形玻璃管:内径2 mm。

3.2.11 刻度吸管:0.1 mL、1.0 mL、5.0 mL。

3.2.12 计数框:0.1 mL、1.0 mL、5.0 mL。

3.2.13 盖玻片:24 mm×24 mm或24 mm×48 mm。

3.2.14 显微镜:放大倍数400~600,具推进器和目镜测微尺。

3.2.15 解剖镜。

3.2.16 血球计数器。

3.2.17 pH计:精密度为±0.01 pH单位。

3.2.18 分析天平或扭力天平。

3.2.19 电子天平:精确度为0.000 1 g。

3.2.20 荧光计:激发光波长450 nm,发射光波长685 nm。

3.2.21 分光光度计:波长应准确,波带宽度≤2 nm,消光值可读到0.001。

3.2.22 水下叶绿素测定仪。

3.2.23 真空泵。

3.2.24 小型电动搅拌器。

3.2.25 抽滤机。

3.2.26 匀浆器。

3.2.27 具塞离心管。

3.2.28 浮子和沉子。

3.2.29 测定溶解氧全套器具:按GB/T 7489的规定执行。

3.2.30 生物实验室常用器材。

## 4 水样的采集与处理

### 4.1 采样

#### 4.1.1 采样点的设置

##### 4.1.1.1 江河、沟渠采样

4.1.1.1.1 江河、沟渠采样分为河心区、沿岸带两个生态类型。河床较窄地段,于干流中心区采样。

4.1.1.1.2 在河流的上、中、下游各段分段采样,在河流的主支流汇合处应增设采样点。

4.1.1.1.3 根据调查目的,对河流的局部区域以及缓流或静水河段可分层采样。

4.1.1.1.4 将各采样点的水样单独保存,也可根据需要将该断面上所采水样,按该断面横向采样点的水样或该断面横向采样点同一深度的水样,按比例加以混合成混合水样,或该断面各采样点的水样垂直混合;研究河心区与沿岸带种类组成时可将各采样点的水样单独保存。

##### 4.1.1.2 湖泊、水库采样

4.1.1.2.1 在湖泊或水库具有代表性的湖区或库区中心处和进、出水口处采样,对于湖泊、水库内的特异水体(如湖湾、库湾等)应增设若干个采样点;同时,视水域岸边的曲度大小增设采样点。

4.1.1.2.2 若调查浮游生物的垂直分布情况,应在湖泊和水库的最深处分层取样。视水体情况,可设1个~2个浮游生物垂直分布采样点。

湖泊与水库采样点的控制数量见表1。

表 1 采样点的控制数量

| 水域面积,hm² | <500 | 500~1 000 | 1 000~5 000 | 5 000~10 000 | >10 000 |
|---|---|---|---|---|---|
| 采样点数量,个 | 2~4 | 3~5 | 4~6 | 5~7 | ≥6 |

### 4.1.2 采样层次

水深 3 m 以内、水团混和良好的水体,采表层(0.5 m 处)水样;水深 3 m~10 m 的水体,应至少分别取表层和底层两个水样;水深大于 10 m 时,应增加采样层。

上层(有光层)或温跃层以上采样层次应较密,每隔 1 m 采 1 个样;在下层(缺光层)或温跃层以下,隔 2 m~5 m 或更大距离采 1 个样。

### 4.1.3 采样方法

#### 4.1.3.1 采样要求

4.1.3.1.1 采集的水样应编号,贴上标签,填写水样登记卡(表 2)。

表 2 水样登记卡

| 采样时间 | 年 月 日 时 | |
|---|---|---|
| 水样编号 | | 水域名称 |
| 采样站号 | | 采样深度,m |
| 气温,℃ | | 水温,℃ |
| 水 色 | | 透明度,cm |
| pH | | 分析项目 |

采集者:

4.1.3.1.2 采样时间与采样频率:采样时间宜在上午八时至十时,与水的理化性质调查采样同步进行,至少应每季度采样一次;可根据调查期的水文、水温和水位等环境要素的变动来确定采样时段,也可根据鱼类的发育或生理生态功能期安排采样,并同时测定采样点的水文、气象数据等,填写采样记录表(表3)。

表 3 采样记录表

| 水域名称 | | 采样点号 | | 采样点经度 | |
|---|---|---|---|---|---|
| 采样点纬度 | | 采样时间 | | 样品类别 | |
| 样品编号 | | 样 品 量 | | 采样工具 | |
| 采样层次 | | 固 定 剂 | | 天 气 | |
| 风力风向 | | 气 温,℃ | | 水 温,℃ | |
| 水深,m | | 流 速,m/s | | 透明度,cm | |
| pH | | 底 质 | | 其 他 | |
| 周围环境 | | | | | |
| 备 注 | | | | | |

记录人:

#### 4.1.3.2 浮游植物采样

4.1.3.2.1 定量样品应在定性采样之前用采水器采集。

4.1.3.2.2 每个采样点应采水样 1 000 mL。分层采样时,可将各层水样分别定量取平均值,或将各层所采水样等量混匀后取 1 000 mL 再定量,作为此点的生物量样品。

4.1.3.2.3 定性样品用 25 号浮游植物网,使网口在水下 50 cm 处作"∞"字形缓慢拖曳采集。

4.1.3.2.4 供叶绿素测定用的水样应在浮游植物定量采样的同时用采水器采集 500 mL～2 000 mL;分层采样时,根据需要将各层水样取 500 mL～2 000 mL,或可将各层所采水样等量混合后取 500 mL～2 000 mL。

水样注入水样瓶后,应避免阳光直射。如水样的进一步处理需要经较长时间,则应在低温下(0℃～4℃)保存,并加入质量分数为 1 ‰碳酸镁悬浊液,每升水样中加 1 mL,防止酸化。

4.1.3.2.5 供浮游植物初级生产力测定的采样应在晴天进行。样品应在浮游植物定量采样的同时用采水器采集。各层次应分别采水样 2 000 mL～2 500 mL。

### 4.1.3.3 浮游动物采样

4.1.3.3.1 枝角类和桡足类定量样品应在定性采样之前用采水器采集,每个采样点应采水样 10 000 mL～50 000 mL,再用 25 号浮游植物网过滤浓缩至 100 mL。

4.1.3.3.2 原生动物、轮虫和无节幼体定量样品,可用浮游植物定量样品,或者采集 10 000 mL～50 000 mL 水样混合后,先取出 1 000 mL 混合水样供浮游植物和小型浮游动物定量用,其余用网过滤后供大型浮游动物定量。

4.1.3.3.3 枝角类、桡足类定性样品应用 13 号浮游动物网,使网口在水下 50 cm 处作"∞"字形缓慢拖曳采集。

4.1.3.3.4 原生动物、轮虫和无节幼体的定性样品应用 25 号浮游植物网,使网口在水下 50 cm 处作"∞"形缓慢拖曳采集。

## 4.2 样品固定

### 4.2.1 浮游植物样品的固定

4.2.1.1 样品应立即用鲁哥氏液固定,用量为水样体积的 1.0 ‰～1.5 ‰。

4.2.1.2 如样品需较长时间保存,则应再加入体积分数为 40 ‰的甲醛溶液,用量为水样体积的 4 ‰。

### 4.2.2 浮游动物样品的固定

4.2.2.1 枝角类和桡足类定量、定性样品应立即用体积分数为 40 ‰的甲醛溶液固定,用量为水样体积的 4 ‰。

4.2.2.2 原生动物和轮虫定性样品,除留一瓶供活体观察不固定外,应立即用布因固定液固定,用量为水样体积的 50 ‰以上;或用鲁哥氏液固定,用量为水样体积的 1.0 ‰～1.5 ‰。

4.2.2.3 如样品需较长时间保存,则应再加入体积分数为 40 ‰的甲醛溶液,用量为水样体积的 4 ‰。

## 4.3 浮游植物水样的沉淀和浓缩

4.3.1 水样带回实验室,摇匀水样,倒入固定在架子上的 1 000 mL 沉淀器中。经 2 h 后,将沉淀器轻轻旋转片刻,使沉淀器壁上尽量少附着浮游植物,再静置 48 h。

4.3.2 充分沉淀后,用虹吸管慢慢吸去清液。虹吸时,管口应始终低于水面,流速、流量不可大,吸至澄清液的 1/3 时,应逐渐减缓流速,至留下含沉淀物的水样 20 mL～25 mL(或 30 mL～40 mL),放入 30 mL(或 50 mL)的定量样品瓶中。

4.3.3 用吸出的少量上清液冲洗沉淀器 2 次～3 次,一并放入样品瓶中,定容至 30 mL(或 50 mL)。

4.3.4 如样品的水量超过 30 mL(或 50 mL),可再静置 24 h,或在计数前再吸去超过定容刻度的多余上清液。

4.3.5 沉淀和虹吸过程应避免摇动,不应吸出浮游植物。如搅动了底部,应重新沉淀。

4.3.6 用甲醛固定的水样,在浓缩时应注意收集上层藻液。

## 4.4 浮游动物水样的浓缩

**4.4.1** 原生动物、轮虫和无节幼体的水样按4.3的规定浓缩至30 mL～50 mL(也可用已用过的浮游植物定量液),再经24 h沉淀浓缩至10 mL～20 mL,即可供定量用。

**4.4.2** 枝角类和桡足类的网滤水样(100 mL),根据其中动物密度大小,一般也要经过再次浓缩才便于计数。

## 5 种类鉴定

优势种类鉴定到种,其他种类至少应鉴定到属。

种类鉴定除应用定性样品进行观察外,微型浮游生物还可吸取定量样品进行观察。如用定量样品先作定性观察,则应在镜检后将样品洗回样品瓶中,并防止样品的混杂污染。

## 6 计数

### 6.1 浮游植物计数

#### 6.1.1 检查计数框

用0.1 mL吸管吸取0.1 mL水于计数框内(计数框面积为20 mm×20 mm),盖上盖玻片后,计数框内无气泡也无水溢出,示为该计数框适合。检查三次均适合,此计数框即可使用。

#### 6.1.2 计数操作

**6.1.2.1** 将盛有浮游植物定量水样的样品瓶以左右移动的方式摇动100次～200次,摇匀后迅速用吸管吸取0.1 mL水样,置于0.1 mL计数框内,盖上盖玻片。

**6.1.2.2** 用台微尺测量所用显微镜在放大40倍～600倍的视野直径,计算出面积。计数的视野应均匀分布在计数框内,视野数目为50个～300个,应保证计数到的浮游植物总数至少达100个以上。每瓶样品计数2次,取平均值,每次结果与平均数之差不大于±10%,否则应计数第三次。

**6.1.2.3** 计数单位用细胞个数表示。对不易用细胞数表示的群体或丝状体,可求出平均细胞数。

**6.1.2.4** 1 L水样中浮游植物的数量按式(1)计算。

$$N = \frac{C_s}{F_s F_n} \frac{V}{v} P_n \quad \cdots\cdots\cdots\cdots\cdots\cdots\cdots\cdots\cdots\cdots\cdots\cdots\cdots (1)$$

式中:

$N$——1 L水样中浮游植物的数量,单位为个每升(ind/L);

$C_s$——计算框面积,单位为平方毫米($mm^2$);

$F_s$——视野面积,单位为平方毫米($mm^2$);

$F_n$——每片计数过的视野数;

$V$——1 L水样经浓缩后的体积,单位为毫升(mL);

$v$——计数框容积,单位为毫升(mL);

$P_n$——计数所获得的个数,单位为个(ind)。

### 6.2 浮游动物计数

#### 6.2.1 原生动物计数

吸出0.1 mL样品,置于0.1 mL计数框内,盖上盖玻片,在10×20放大倍数的显微镜下全片计数。每瓶样品计数两片。

#### 6.2.2 轮虫计数

吸出1 mL样品,置于1 mL计数框内,全片计数。每瓶样品计数两片。小型轮虫计数应同原生动物一起计数;大型轮虫:如萼花臂尾轮虫、晶囊轮虫等应同枝角类、桡足类一同计数。

#### 6.2.3 枝角类、桡足类计数

当样品中生物量不大,可用5 mL计数框将样品分若干次全部计数。如样品中个体数量太多,可将

样品稀释至 30 mL 或 50 mL,用 5 mL 计数框全片计数。

### 6.2.4 无节幼体计数

应同枝角类、桡足类、大型轮虫一起计数。如样瓶中个体数量少,则在甲壳动物样品中同时全部计数;如数量多,则在轮虫样品中同轮虫一起计数。

### 6.2.5 注意事项

6.2.5.1 计数前,样品应充分摇匀,吸出应迅速、准确。盖上盖玻片后,计数框内应无气泡,也不应有水样溢出。

6.2.5.2 同一样品计数两片,取平均值,每片结果与均数之差应不大于±10 %,否则应计数第三片。

6.2.5.3 1 L 水样中浮游动物的数量按式(2)计算。

$$N = \frac{vn}{VC} \cdots\cdots\cdots\cdots\cdots\cdots\cdots\cdots\cdots\cdots\cdots\cdots (2)$$

式中:

$N$——1 L 水样中浮游动物的数量,单位为个每升(ind/L);

$v$——样品浓缩后的体积,单位为毫升(mL);

$C$——计数框体积,单位为毫升(mL);

$V$——采样体积,单位为升(L);

$n$——计数所获得的个体数(二片平均数),单位为个(ind)。

## 7 生物量的计算

### 7.1 浮游植物生物量

用体积换算为生物量(湿重)的方法,比重取 1。体积的测定应根据浮游植物的体形,按最近似的几何形状测量必要的长度、高度、直径等,每一种类至少随机测定 50 个,求出平均值,代入相应的求积公式计算出体积(计算藻类体积常用公式参见附录 A)。有的种类形状较特殊,可分解为几个部分,分别按相应公式计算后相加。量大或体积大的种类,应尽量实测体积并计算平均重量。

常见浮游植物细胞的平均湿重参见附录 B。

对于非优势种或次优势种的微型和超微型浮游生物只鉴别到门,再按大、中、小三级的平均重量计算,即:

 a) 较小的(<5 $\mu$m)为 0.000 1 $\mu$g;

 b) 中等的(5 $\mu$m～10 $\mu$m,如绿球藻目的较小型一些种类)为 0.002 $\mu$g;

 c) 较大的(10 $\mu$m～20 $\mu$m,如衣藻、小环藻等)为 0.005 $\mu$g。

### 7.2 浮游动物生物量

#### 7.2.1 计算法

7.2.1.1 原生动物、轮虫可用体积法求得生物体积,比重取 1,再根据体积换算为重量和生物量。在淡水浮游动物中,仅计算其总数量和总生物量(参见附录 C)。

轮虫生物量可按式(3)或式(4)计算:

$$W = qL^3 \cdots\cdots\cdots\cdots\cdots\cdots\cdots\cdots\cdots\cdots\cdots\cdots\cdots\cdots (3)$$

式中:

$W$——体重,单位为微克($\mu$g);

$q$——系数;

$L$——体长,单位为微米($\mu$m)。

$$W = qLb^2 \cdots\cdots\cdots\cdots\cdots\cdots\cdots\cdots\cdots\cdots\cdots\cdots\cdots (4)$$

式中:

$W$——体重,单位为微克($\mu$g);

  q——系数;

  $L$——体长,单位为微米($\mu$m);

  $b$——体宽,单位为微米($\mu$m)。

优势种可实测大小并按式(3)或式(4)计算,一般种类可按平均湿重换算。常见轮虫的 q 值与平均湿重参见附录 C。计算浮游甲壳类式(3)中的 q、b 值参见附录 E。

**7.2.1.2** 枝角类和桡足类的优势种应实际称重或实测大小根据式(5)计算。

$$W = qL^b \cdots\cdots\cdots\cdots\cdots\cdots\cdots\cdots\cdots\cdots\cdots\cdots\cdots\cdots\cdots\cdots\cdots \quad (5)$$

式中:

  $W$——体重,单位为微克($\mu$g);

  $L$——体长,单位为微米($\mu$m);

  q、b——系数(参见附录 E)。

我国常见淡水枝角类的平均重量可用体长与湿重的指数方程和回归方程计算(参见附录 D)。

**7.2.1.3** 非主要种类,参照附录 F、附录 G 或附录 H 计算和估算。无节幼体一个可按 0.003 mg 湿重计算。

### 7.2.2 称重法

**7.2.2.1** 把采到的标本用试验筛作初步筛选,再挑选体形正常、规格一致的个体并测量其体长。取其中 50 个~150 个在滤纸上吸干,待纸上完全见不到水痕后,用分析天平或扭力天平称重。所称的是经过甲醛固定的标本,应先在自来水中漂洗 1 h,再按上法称重,或称重后根据经验所得的校正值加以校正。

**7.2.2.2** 对于大型浮游动物有时也将网滤样品直接称重,方法为:

  a) 把网滤后浓缩样品(用解剖针挑出泥沙和其他杂质)放入烧杯中;

  b) 剪一小块网目小于采集网的筛绢,浸湿后用橡筋扎于烧杯口上;

  c) 将样品摇动后反倒在筛绢上滤去水分;

  d) 取下筛绢用吸水纸吸净水分,放在天平上称重;

  e) 所称重量减去筛绢的重量即为浮游动物重量。

注:此法所得结果略高于计算法的结果。

## 8 数据整理

分析浮游植物和浮游动物的种类组成,并按分类系统列出名录表(表 4)。

### 表 4 浮游生物名录及其分布表

水域名称:    生物类别:    采样时间: 年 月 日

| 序号 | 种 类 | 学 名 | 采 样 点 分 布 状 况 | | | | | | |
|---|---|---|---|---|---|---|---|---|---|
| | | | | | | | | | |
| | | | | | | | | | |
| | | | | | | | | | |
| ⋮ | | | | | | | | | |
| 合计 | | | | | | | | | |

记录日期: 年 月 日          记录人:

数量和生物量的调查结果应随时记入表 5 和表 6。

**表 5 浮游植物调查记录表**

水域名称：　　　　　　　　　　　　　　　　　　　　　采样时间：　　年　　月　　日

| 采样点号 | 浮游植物总量 | | 各门浮游植物(数量/生物量)占总量的百分比,% | | | | | | | |
|---|---|---|---|---|---|---|---|---|---|---|
| | 数量 $\times 10^4$ cells/L | 生物量 mg/L | 蓝藻 | 绿藻 | 硅藻 | 甲藻 | 裸藻 | 隐藻 | 金藻 | 其他 |
| | | | | | | | | | | |
| | | | | | | | | | | |
| | | | | | | | | | | |
| ⋮ | | | | | | | | | | |
| 平均 | | | | | | | | | | |

测定日期：　　年　　月　　日　　　　　　　　　　　　　　　　　　　记录人：

**表 6 浮游动物调查记录表**

水域名称：　　　　　　　　　　　　　　　　　　　　　采样时间：　　年　　月　　日

| 采样点号 | 浮游动物总量 | | 各类浮游动物(数量/生物量)占总量的百分比,% | | | |
|---|---|---|---|---|---|---|
| | 数量 ind/L | 生物量 mg/L | 原生动物 | 轮　虫 | 枝角类 | 桡足类 |
| | | | | | | |
| | | | | | | |
| | | | | | | |
| ⋮ | | | | | | |
| 平均 | | | | | | |

测定日期：　　年　　月　　日　　　　　　　　　　　　　　　　　　　记录人：

## 9　浮游植物叶绿素的测定

### 9.1　方法一

采用水下叶绿素测定仪,将探头置于所要测定的水层中,直接读取数值,具体操作见仪器说明书。

### 9.2　方法二

按 GB/T 12763.6—2007 中第 5 章的规定执行。

## 10　浮游植物初级生产力的测定

### 10.1　方法一

#### 10.1.1　原理

光合作用使二氧化碳和水结合形成碳水化合物和氧。能量的固定和光合作用方程式为：

$$6CO_2 + 12H_2O \xrightarrow[\text{叶绿素}]{2\,817.12\,kJ(\text{日光})} C_6H_{12}O_6 + 6O_2 + 6H_2O$$

通过测定水体中溶解氧量的变化,可以间接求出初级生产积累能量的速率。

#### 10.1.2　测定步骤

##### 10.1.2.1　灌瓶

每一层次的三个瓶(黑瓶、白瓶、初始氧瓶)应用同一次采得的水样灌满,并都溢出 2 倍～3 倍所灌瓶容积的水。灌瓶时,应将采水器的导管插到瓶底部。初始氧瓶中的水样应立即用 2 mL 硫酸锰溶液和

2 mL 碱性碘化钾溶液固定。

### 10.1.2.2 曝光

黑、白瓶塞紧瓶塞后(瓶内不得有气泡),应倒过来用瓶夹夹牢,并立即悬挂于原采样的水层进行曝光。瓶塞应用橡皮筋缚住,以防倒挂脱落。曝光时间一般为 24 h,如需缩短,应根据当时当地的日照特征,通过实验确定日生产量的推算方法。

### 10.1.2.3 溶解氧的测定

曝光结束后,取出黑、白瓶,立即固定溶解氧,固定液的用量同初始氧瓶。固定时,如白瓶中有因氧过饱和而产生的气泡,则应将白瓶略微倾斜,以防止氧气泡逸出。小心打开瓶塞加入固定液,再塞紧瓶塞并充分摇动,使气泡中的氧气固定下来。溶解氧的测定按 GB/T 7489 的规定执行。

### 10.1.3 计算

首先计算出各挂瓶层的日生产量。如果挂瓶曝光时间为 24 h,则按式(6)、(7)、(8)计算:

$$P_G = D_1 - D_2 \quad\quad\quad (6)$$

式中:

$P_G$——挂瓶层浮游植物日毛生产量,单位为毫克氧每升天[$mgO_2/(L \cdot d)$];

$D_1$——挂瓶层白瓶的溶解氧量,单位为毫克每升(mg/L);

$D_2$——挂瓶层黑瓶的溶解氧量,单位为毫克每升(mg/L)。

$$R = D_3 - D_2 \quad\quad\quad (7)$$

式中:

$R$——挂瓶层浮游植物日呼吸量,单位为毫克氧每升天[$mgO_2/(L \cdot d)$];

$D_3$——挂瓶层初始氧瓶的溶解氧量,单位为毫克每升(mg/L);

$D_2$——挂瓶层黑瓶的溶解氧量,单位为毫克每升(mg/L)。

$$P_N = P_G - R = D_1 - D_3 \quad\quad\quad (8)$$

式中:

$P_N$——挂瓶层浮游植物日净生产量,单位为毫克氧每升天[$mgO_2/(L \cdot d)$];

$P_G$——挂瓶层浮游植物日毛生产量,单位为毫克氧每升天[$mgO_2/(L \cdot d)$];

$R$——挂瓶层浮游植物日呼吸量,单位为毫克氧每升天[$mgO_2/(L \cdot d)$];

$D_1$——挂瓶层白瓶的溶解氧量,单位为毫克每升(mg/L);

$D_3$——挂瓶层初始氧瓶的溶解氧量,单位为毫克每升(mg/L)。

然后计算出 1 m² 面积下的水柱日生产量,按式(9)、式(10)、式(11)计算:

$$P_{Ga} = \sum_{i=1}^{n-1} \frac{P_{G,i} + P_{G,i+1}}{2} E_i \quad\quad\quad (9)$$

式中:

$P_{Ga}$——1 m² 面积下的水柱日毛生产量,单位为克氧每平方米天[$g O_2/(m^2 \cdot d)$];

$P_{G,i}$——$i$ 水层每升水的平均日毛生产量,单位为毫克氧每升天[$mg O_2/(L \cdot d)$];

$E_i$——第 $i$ 与 $i+1$ 水层间的厚度,单位为米(m);

$n$——挂瓶的层次数。

$$R_a = \sum_{i=1}^{n-1} \frac{R_i + R_{i+1}}{2} E_i \quad\quad\quad (10)$$

式中:

$R_a$——1 m² 面积下的水柱日呼吸量,单位为克氧每平方米天[$g O_2/(m^2 \cdot d)$];

$R_i$——$i$ 水层每升水的平均日呼吸量,单位为毫克氧每升天[$mg O_2/(L \cdot d)$];

$E_i$——第 $i$ 与 $i+1$ 水层间的厚度,单位为米(m);

$n$——挂瓶的层次数。

$$P_{Na} = \sum_{i=1}^{n-1} \frac{P_{N,i} + P_{N,i+1}}{2} E_i \quad \cdots\cdots\cdots\cdots\cdots\cdots\cdots\cdots\cdots\cdots \quad (11)$$

式中:

$P_{Na}$——1 m² 面积下的水柱日净生产量,单位为克氧每平方米天[g O₂/(m²·d)];

$P_{N,i}$——$i$ 水层每升水的平均日净生产量,单位为毫克氧每升天[mg O₂/(L·d)];

$E_i$——第 $i$ 与 $i+1$ 水层间的厚度,单位为米(m);

$n$——挂瓶的层次数。

### 10.1.4 结果整理

浮游植物初级生产力的测定结果应随时记入表 7 中。

**表 7 浮游植物初级生产力测定记录表**

水域名称:　　　　采样点号:　　　　透明度(cm):　　　　采样时间:　　年　　月　　日

| 挂瓶深度,m | 0.0 | | | |
|---|---|---|---|---|
| 初始氧,mg/L | | | | |
| 白瓶氧,mg/L | | | | |
| 黑瓶氧,mg/L | | | | |
| 日毛生产量,mg O₂/(L·d) | | | | |
| 日呼吸量,mg O₂/(L·d) | | | | |
| 日净生产量,mg O₂/(L·d) | | | | |
| 水柱产量 g O₂/(m²·d) | 水柱日毛生产量 | | 水柱日呼吸量 | 水柱日净生产量 |
| | | | | |

测定日期:　　年　　月　　日　　　　　　　　　　　记录人:

将测定结果的氧单位换算成其他单位时,可采用下列换算关系:

a) 1 mg O₂ 相当于 14.70 J;

b) 1 mg O₂ 相当于 0.937 5 mg 葡萄糖;

c) 1 mg O₂ 相当于 0.300 mg 碳;

d) 1 mg O₂ 相当于 6.1 mg 浮游植物鲜重。

### 10.2 方法二

按 GB/T 12763.6—2007 中第 5 章的规定执行。

**附　录　A**

**（资料性附录）**

**计算藻类体积常用公式**

**A.1　一般藻类**

球体：

$$V = \frac{4}{3}\pi r^3 \quad\cdots\cdots\cdots\cdots\cdots\cdots\cdots\cdots\cdots\cdots\cdots\cdots\cdots\cdots \text{（A.1）}$$

圆锥体：

$$V = \frac{1}{3}\pi r^2 h \quad\cdots\cdots\cdots\cdots\cdots\cdots\cdots\cdots\cdots\cdots\cdots\cdots\cdots \text{（A.2）}$$

圆台体：

$$V = \frac{1}{3}\pi h (r_1{}^2 + r_2{}^2 + r_1 r_2) \quad\cdots\cdots\cdots\cdots\cdots\cdots\cdots\cdots\cdots \text{（A.3）}$$

圆盘体或圆柱体：

$$V = \pi r^2 h \quad\cdots\cdots\cdots\cdots\cdots\cdots\cdots\cdots\cdots\cdots\cdots\cdots\cdots\cdots\cdots \text{（A.4）}$$

椭圆体：

$$V = \frac{4}{3}\pi r_1{}^2 r_2 \quad\cdots\cdots\cdots\cdots\cdots\cdots\cdots\cdots\cdots\cdots\cdots\cdots\cdots \text{（A.5）}$$

**A.2　硅藻**

硅藻细胞体积通常为壳面面积乘带面平均高度，因此下列求面积的公式常被采用：

圆形：

$$A = \pi r_2 \quad\cdots\cdots\cdots\cdots\cdots\cdots\cdots\cdots\cdots\cdots\cdots\cdots\cdots\cdots\cdots\cdots \text{（A.6）}$$

三角形：

$$A = \frac{1}{2}bh \quad\cdots\cdots\cdots\cdots\cdots\cdots\cdots\cdots\cdots\cdots\cdots\cdots\cdots\cdots\cdots \text{（A.7）}$$

椭圆形：

$$A = \pi r_1 r_2 \quad\cdots\cdots\cdots\cdots\cdots\cdots\cdots\cdots\cdots\cdots\cdots\cdots\cdots\cdots \text{（A.8）}$$

菱形：

$$A = \frac{d_1 d_2}{2} \quad\cdots\cdots\cdots\cdots\cdots\cdots\cdots\cdots\cdots\cdots\cdots\cdots\cdots \text{（A.9）}$$

梯形：

$$A = \frac{a_1 + a_2}{2}h \quad\cdots\cdots\cdots\cdots\cdots\cdots\cdots\cdots\cdots\cdots\cdots\cdots \text{（A.10）}$$

**A.3　特殊藻类**

纤维形、S形、新月形、多角形和其他不很规则的形体可分割为几个部分，用相似图形公式计算。例如，栅藻细胞可按两个圆锥体 $[2 \cdot (1/3)\pi r^2 h]$ 计算，针杆藻和星杆藻可按两个梯形面积乘其高度 $[2 \cdot (a_1 + a_2)/2 \cdot bh]$ 计算。

### A.4 符号说明

上述各式中：

$r$——半径；

$h$——高；

$b$——长或宽；

$d_1$、$d_2$——对角线长；

$a_1$、$a_2$——上底和下底长。

附 录 B
（资料性附录）
常见浮游植物细胞的平均湿重

**B.1 常见浮游植物细胞的平均湿重**

见表 B.1。

表 B.1 常见浮游植物细胞的平均湿重

| 种 类 | | 平 均 湿 重 $\times 10^{-4}$ mg |
|---|---|---|
| 硅藻类： | | |
| 颗粒直链藻 | Melosira granulata | 0.008 |
| 颗粒直链藻（粗型） | M. granulata | 0.04 |
| 岛直链藻 | M. islandica | 0.003 |
| 变异直链藻 | M. varians | 0.06 |
| 意大利直链藻 | M. italica | 0.03 |
| 小环藻 | Cyclotella | 0.007 |
| 梅尼小环藻 | C. meneghiniana | 0.02 |
| 扭曲小环藻 | C. comta | 0.007 |
| 冠盘藻 | Stephanodiscus | 0.03 |
| 根管藻 | Rhizosolenia | 0.03 |
| 四棘藻 | Attheya | 0.07 |
| 肘状针杆藻 | Synedra ulna | 0.04 |
| 尖针杆藻 | S. acus | 0.005 |
| 脆杆藻 | Fragilaria | 0.01 |
| 星杆藻 | Asterionella | 0.005 |
| 等片藻 | Diatoma | 0.03 |
| 舟形藻 | Navicula | 0.02 |
| 菱形藻 | Nitzschia | 0.01 |
| 拟螺形菱形藻 | N. sigmoidea | 0.05 |
| 平板藻 | Tabellaria | 0.04 |
| 双菱藻 | Surirella | 0.2 |
| 双肋藻 | Amphipleura | 1.1 |
| 绿藻类： | | |
| 衣藻 | Chlamydomonas | 0.02 |
| 盘藻 | Gonium pectorale | 0.002 |
| 盘藻（群体） | | 0.03 |
| 聚盘藻 | G. sociale | 0.005 |
| 聚盘藻（群体） | | 0.028 |
| 实球藻 | Pandorina | 0.02 |
| 空球藻 | Eudorina | 0.02 |

表 B.1（续）

| 种 | 类 | 平 均 湿 重 $\times 10^{-4}$ mg |
|---|---|---|
| 球囊藻 | *Sphaerocystis* | 0.003 |
| 空星藻 | *Coelastrum* | 0.003 |
| 小球藻 | *Chlorella* | 0.000 5 |
| 顶棘藻 | *Chodatella* | 0.002 5 |
| 栅藻 | *Scenedesmus* | 0.002 |
| 被刺藻 | *Franceia* | 0.004 |
| 卵囊藻 | *Oocystis* | 0.005 |
| 绿梭藻 | *Chlorogonium* | 0.003 |
| 多芒藻 | *Golenkinia* | 0.01 |
| 胶网藻 | *Dictyosphaerium* | 0.001 |
| 四星藻 | *Tetrastrum* | 0.001 |
| 十字藻（群体） | *Crucigenia* | 0.004 |
| 四角藻 | *Tetraedron* | 0.003 |
| 克氏藻 | *kirchnerieua* | 0.001 |
| 肾形藻 | *Nephrocytium* | 0.003 |
| 纤维藻 | *Ankistrodesmus* | 0.002 |
| 集星藻 | *Actinastrum* | 0.001 |
| 盘星藻 | *Pediastrum* | 0.01 |
| 月牙藻 | *Selenastrum* | 0.001 |
| 金藻门： | | |
| 棕鞭藻 | *Ochromonas* | 0.003 |
| 鱼鳞藻 | *Mallomonas* | 0.03 |
| 锥囊藻（细胞） | *Dinobryon* | 0.01 |
| 黄群藻（群体） | *Synura* | 0.1 |
| 隐藻门： | | |
| 隐藻 | *Cryptomonas* | 0.04 |
| 兰隐藻 | *Chroomonas* | 0.001 |
| 甲藻门： | | |
| 裸甲藻 | *Gymnodinium* | 0.08 |
| 薄甲藻 | *Glenodinium* | 0.05 |
| 多甲藻 | *Peridinium* | 0.08 |
| 角甲藻 | *Ceratium hirundinella* | 0.50 |
| 裸藻门： | | |
| 囊裸藻 | *Trachelomonas* | 0.06 |
| 裸藻 | *Euglena* | 0.10 |
| 血红裸藻 | *E. sanguinea* | 0.60 |
| 梭形裸藻 | *E. acus* | 0.08 |
| 尖尾裸藻 | *E. oxyuris* | 0.25 |
| 鳞孔藻 | *Lepocinclis* | 0.08 |
| 蓝藻门： | | |
| 色球藻 | *Chroococcus* | 0.000 5 |
| 微囊藻 | *Microcystis* | 0.000 5 |

表 B.1（续）

| 种 | 类 | 平均湿重 $\times 10^{-4}$ mg |
| --- | --- | --- |
| 蓝纤维藻 | *Dactylococcopsis* | 0.000 3 |
| 棒条藻 | *Rhabdoderma* | 0.000 3 |
| 颤藻（藻丝） | *Oscillatoria* | 0.01 |
| 席藻（藻丝） | *Phormidium* | 0.002 |
| 束丝藻（藻丝） | *Aphanizomenon* | 0.02 |
| 螺旋鱼腥藻 | *Anabaena spiroides* | 0.001 5 |
| 拟鱼腥藻 | *Anabaenopsis* | 0.001 |
| 拟鱼腥藻（厚坦孢子） | *Anabaenopsis* | 0.009 8 |
| 囊球藻 | *Coelosphaerium*（细胞） | 0.001 5 |
| 尖头藻（藻丝） | *Raphidiopsis* | 0.006 |
| 尖头藻（细胞） | *Raphidiopsis* | 0.000 25 |
| 鞘丝藻（林氏藻）（藻丝） | *Lyngbya* | 0.01 |

附 录 C

（资料性附录）

常见轮虫的 q 值与平均湿重

## C.1 常见轮虫的 q 值与平均湿重

见表 C.1。

表 C.1 常见轮虫的 q 值与平均湿重

| 种 | 类 | q 值 | 平均湿重 mg |
|---|---|---|---|
| 臂尾轮虫 | *Brachionus* | 0.12 | — |
| 角突臂尾轮虫 | *B. angularis* | 0.15 | 0.000 41 |
| 萼花臂尾轮虫 | *B. calyciflorus* | 0.13 | 0.002 5 |
| 剪形臂尾轮虫 | *B. forficula* | 0.12 | 0.000 13 |
| 壶状臂尾轮虫 | *B. urceus* | 0.14 | 0.001 5 |
| 方形臂尾轮虫 | *B. quadridentatus* | — | 0.001 5 |
| 摺皱臂尾轮虫 | *B. plicatilis* | — | 0.001 5 |
| 三肢轮虫 | *Filinia* | 0.13 | — |
| 长三肢轮虫 | *F. longiseta* | 0.13 | 0.000 3 |
| 大三肢轮虫 | *F. major* | 0.12 | 0.000 2 |
| 晶囊轮虫 | *Asplanchna* | 0.23 | 0.02 |
| 疣毛轮虫 | *Synchaeta* | 0.10 | — |
| 梳状疣毛轮虫 | *S. pectinata* | 0.52 | 0.005 |
| 长圆疣毛轮虫 | *S. Oblonga* | 0.52 | 0.001 2 |
| 尖尾疣毛轮虫 | *S. stylata* | — | 0.000 8 |
| 聚花轮虫 | *Conochilus* | 2.26 | 0.000 2 |
| 胶鞘轮虫 | *Collotheca* | 0.18 | 0.000 3 |
| 须足轮虫 | *Euchlanis* | 0.10 | 0.002 5 |
| 腹尾轮虫 | *Gastropus* | 0.20 | — |
| 泡轮虫 | *Pompholyx* | 0.15 | 0.000 2 |
| 裂足臂尾轮虫 | *Brachionus diversicornis* | 0.06 | — |
| 巨腕轮虫 | *Pedalia* | 0.13 | 0.001 |
| 多肢轮虫 | *Polyarthra* | 0.27 | 0.000 4 |
| 螺形龟甲轮虫 | *K. cochlearis* | 0.02 | 0.000 1 |
| 矩形龟甲轮虫 | *K. quadrata* | 0.23 | 0.000 5 |
| 曲腿龟甲轮虫 | *K. valga* | 0.24 | 0.000 3 |
| 单趾轮虫 | *Monostyla* | 0.17 | — |
| 尖趾单趾轮虫 | *M. closterocerca* | 0.17 | 0.05 |
| 梨形单趾轮虫 | *M. puriformis* | 0.17 | 0.001 |
| 囊形单趾轮虫 | *M. bulla* | 0.17 | 0.000 5 |
| 前额犀轮虫 | *Rhinoglena frontalis* | 0.70 | 0.000 4 |

表 C. 1（续）

| 种 | 类 | q 值 | 平均湿重 mg |
|---|---|---|---|
| 蹄形腔轮虫 | Lecane ungulata | 0.17 | 0.001 7 |
| 月形腔轮虫 | L. luna | — | 0.000 9 |
| 暗小异尾轮虫 | Trichocerca pusilla | $0.521b^2$ | 0.000 05 |
| 刺盖异尾轮虫 | T. Capucina | $0.521b^2$ | 0.000 4 |
| 对棘同尾轮虫 | Diurella stylata | $0.521b^2$ | 0.000 1 |
| 田奈同尾轮虫 | D. dixonnuttalis | — | 0.000 2 |
| 郝氏皱甲轮虫 | Ploesoma hudsoni | 0.10 | — |
| 截头皱甲轮虫 | P. Truncatum | 0.23 | — |
| 叶轮虫 | Notholca | 0.035 | — |
| 尖削叶轮虫 | N. acuminata | — | 0.001 5 |
| 长刺叶轮虫 | N. longinspina | — | 0.002 5 |
| 镜轮虫 | Testudinella | 0.08 | — |
| 玫瑰旋轮虫 | Philodina roseola | $0.261b^2$ | 0.000 25 |
| 尾纹轮虫 | Anuraeopsis | 0.03 | 0.000 02 |
| 无柄轮虫 | Ascomorpha | 0.12 | — |

# 附　录　D
## （资料性附录）
## 我国常见枝角类体长与体重回归方程

**D.1　我国常见枝角类体长与体重回归方程**

见表 D.1。

**表 D.1　我国常见枝角类体长与体重回归方程**

| 种　类 | 体长与湿重指数方程 | $\text{Log}W = b\,\text{log}L + a$ | | | |
|---|---|---|---|---|---|
| | | 湿　重 | | 干　重 | |
| | | a | b | a | b |
| 透明溞 | $W = 0.046\,L^{3.044}$ | −1.332 9 | 3.044 0 | 0.625 4 | 3.018 8 |
| 隆线溞—亚种 | $W = 0.040\,L^{3.125\,3}$ | −1.396 4 | 3.125 3 | 0.524 8 | 2.926 4 |
| 蚤状溞 | $W = 0.138\,1\,L^{2.328\,8}$ | −0.859 9 | 2.328 8 | 0.997 1 | 2.753 8 |
| 隆线溞 | $W = 0.074\,1\,L^{3.243\,0}$ | −1.132 6 | 3.243 0 | 0.931 2 | 2.765 4 |
| 大型溞 | $W = 0.183\,1\,L^{2.803\,2}$ | −1.089 7 | 2.803 2 | 0.818 6 | 2.747 2 |
| 溞属 | $W = 0.074\,8\,L^{2.850\,1}$ | −1.126 1 | 2.850 1 | 0.794 9 | 2.739 4 |
| 近亲裸腹溞 | $W = 0.081\,8\,L^{2.357\,8}$ | −1.087 1 | 2.357 8 | 0.889 9 | 2.391 9 |
| 微型裸腹溞 | $W = 0.079\,2\,L^{2.380\,4}$ | −1.101 5 | 2.380 4 | 0.866 8 | 2.213 5 |
| 多刺裸腹溞 | $W = 0.087\,6\,L^{2.403\,4}$ | −1.057 2 | 2.403 4 | 0.930 0 | 2.235 2 |
| 裸腹溞属 | $W = 0.082\,9\,L^{2.381\,4}$ | −1.081 3 | 2.381 4 | 0.896 2 | 2.329 4 |
| 长额象鼻溞 | $W = 0.184\,5\,L^{2.672\,3}$ | −0.733 9 | 2.672 3 | 1.242 4 | 2.396 3 |
| 透明薄皮溞 | $W = 0.018\,9\,L^{2.366}$ | −1.723 4 | 2.366 0 | 0.174 8 | 2.016 8 |
| 秀体溞属 | $W = 0.042\,1\,L^{1.730\,0}$ | −1.377 1 | 1.730 0 | 0.646 2 | 2.041 1 |

注 1：$W$——体重，湿重单位为毫克（mg）；干重单位为微克（μg）；

注 2：$L$——体长，单位为毫米（mm）。

附　录　E

（资料性附录）

计算浮游甲壳类 $W=qL^b$ 时的 q、b 值

## E.1　计算浮游甲壳类 $W=qL^b$ 时的 q、b 值

见表 E.1。

表 E.1　计算浮游甲壳类 $W=qL^b$ 时的 q、b 值

| 种　　　类 | | q 值 | b 值 |
|---|---|---|---|
| 仙达溞科、溞科 | | 0.068 | 3.019 |
| 溞 | *Daphnia* | 0.075 | 2.925 |
| 大型溞 | *D. magna* | 0.094 | 2.917 |
| 蚤状溞 | *D. pulex* | 0.080 | 2.921 |
| 长刺溞 | *D. longispina* | 0.065 | 2.896 |
| 透明溞 | *D. hyalina* | 0.050 | 2.684 |
| 僧帽溞 | *D. cucullata* | 0.051 | 3.021 |
| 低额溞 | *Simocephalus* | 0.075 | 3.170 |
| 裸腹溞 | *Moina* | 0.074 | 3.050 |
| 网纹溞 | *Ceriodaphnia* | 0.141 | 2.766 |
| 船卵溞 | *Scapholeberis* | 0.133 | 2.630 |
| 粗毛溞科、盘肠溞科 | | 0.140 | 2.723 |
| 粗毛溞 | *Macrothrix* | 0.083 | 2.331 |
| 薄片宽尾溞 | *Eurycercus lamellatus* | 0.127 | 3.076 |
| 盘肠溞 | *Chydorus* | 0.203 | 2.771 |
| 尖额溞 *Alona* 和锐额溞 *Alonella* | | 0.091 | 2.646 |
| 尾突溞 | *Bythotrephes* | 0.077 | 2.911 |
| 象鼻溞 | *Bosmina* | 0.176 | 2.975 |
| 晶莹仙达溞 | *Sida crystallina* | 0.074 | 2.727 |
| 虱形大眼溞 | *Polyphemus pediculus* | 0.448 | 2.686 |
| 剑水蚤科 | | 0.037 | 2.762 |
| 英勇剑水溞 | *Cyclops strenuus* | 0.039 | 2.313 |
| 近邻剑水溞 | *C. vicinus* | 0.034 | 2.838 |
| 盾叶剑水溞 | *C. scutifer* | 0.031 | 2.515 |
| 刺剑水溞 | *Acanthocyclops* | 0.039 | 3.156 |
| 中剑水溞 | *Mesocyclops* | 0.034 | 2.924 |
| 哲水溞科 | | 0.039 | 2.805 |
| 真镖水溞 | *Eudiaptomus* | 0.036 | 2.738 |
| 北镖水溞 | *Arctodiaptomus* | 0.038 | 3.178 |
| 白色大剑水溞 | *Macrocyclops albidus* | 0.045 | 2.750 |

# 附　录　F
（资料性附录）
## 常见浮游甲壳类体长与体重换算表

## F.1　常见浮游甲壳类体长与体重换算表

见表 F.1。

### 表 F.1　常见浮游甲壳类体长与体重换算表

| 体　长 mm | 体　重 mg | | | | | |
|---|---|---|---|---|---|---|
| | 蚤状溞、大型溞（隆线溞） | 长刺溞及其他种类 | 低额溞仙达溞 | 裸腹蚤网纹蚤 | 象鼻溞 | 桡足类 $W=0.029L^{2.9505}$ |
| 0.2～0.3 | — | — | — | — | 0.001 5 | — |
| 0.3～0.4 | — | — | — | — | 0.006 0 | 0.001 9 |
| 0.4～0.5 | 0.003 | 0.002 | 0.003 | 0.003 5 | 0.013 0 | 0.003 9 |
| 0.5～0.7 | 0.008 | 0.006 | 0.008 | 0.010 0 | 0.060 0 | 0.010 0 |
| 0.7～0.9 | 0.020 | 0.015 | 0.020 | 0.025 0 | 0.100 0 | 0.022 0 |
| 0.9～1.1 | 0.040 | 0.050 | 0.040 | 0.050 0 | 0.140 0 | 0.037 0 |
| 1.1～1.3 | 0.100 | 0.065 | 0.070 | 0.085 0 | — | 0.062 0 |
| 1.3～1.5 | 0.180 | 0.140 | 0.120 | 0.190 0 | — | 0.077 0 |
| 1.5～1.7 | 0.290 | 0.230 | 0.240 | — | — | 0.114 0 |
| 1.7～1.9 | 0.420 | 0.330 | 0.340 | — | — | 0.189 0 |
| 1.9～2.1 | 0.590 | 0.430 | 0.425 | — | — | 0.200 0 |
| 2.1～2.3 | 0.900 | 0.585 | 0.800 | — | — | — |
| 2.3～2.5 | 1.350 | 0.730 | 1.100 | — | — | — |
| 2.5～2.7 | 1.750 | — | 1.460 | — | — | — |
| 2.7～2.9 | 2.300 | — | 1.750 | — | — | — |
| 2.9～3.1 | 3.000 | — | 2.200 | — | — | — |
| 4 | 5.725 | — | — | — | — | — |
| 5 | 7.750 | — | — | — | — | — |

附　录　G

（资料性附录）

常见枝角类和桡足类的体重

### G.1　常见枝角类和桡足类的体重

见表 G.1。

表 G.1　常见枝角类和桡足类的体重

单位为毫克

| 种　　　类 | | 平均湿重 | 变化幅度 |
|---|---|---|---|
| 晶莹仙达溞 | *Sida crystallina* | 0.70 | 0.50～1.71 |
| 秀体溞 | *Diaphanosoma* | 0.03 | 0.014～0.06 |
| 长刺溞 | *D. longispina* | 0.05 | 0.045～0.14 |
| 透明溞 | *D. hyalina* | 0.05 | 0.02～0.38 |
| 大型溞 | *D. magna*（未怀卵） | 0.14 | 0.003～0.42 |
| 大型溞 | *D. magna*（怀卵） | 2.90 | 0.59～7.75 |
| 低额溞 | *Simocephalus*（未怀卵） | 0.14 | 0.003～0.425 |
| 低额溞 | *Simocephalus*（怀卵） | 1.30 | 0.53～2.20 |
| 网纹溞 | *Ceriodaphnia*（未怀卵） | 0.007 | 0.003 5～0.010 |
| 网纹溞 | *Ceriodaphnia*（怀卵） | 0.07 | 0.014～0.19 |
| 裸腹溞 | *Moina*（未怀卵） | 0.007 | 0.003 5～0.010 |
| 裸腹溞 | *Moina*（怀卵） | 0.07 | 0.014～0.019 |
| 象鼻溞 | *Bosmina* | 0.03 | 0.001 5～0.10 |
| 盘肠溞 | *Chydorus* | 0.01 | 0.002～0.018 |
| 尖额溞 | *Alona* | 0.005 | — |
| 粗毛溞 | *Macrothrix* | 0.03 | — |
| 剑水溞类 | *Cyclops* | 0.03 | 0.01～0.20 |
| 无节幼体 | *Nauplius* | 0.003 | 0.001～0.004 |

附 录 H

（资料性附录）

浮游动物各大类的平均重量

## H.1 浮游动物各大类的平均重量

见表 H.1。

表 H.1 浮游动物各大类的平均重量

单位为毫克

| 类 别 | 小 型 | 中 型 | 大 型 | 特大型 |
|---|---|---|---|---|
| 原生动物 | — | 0.000 05 | — | — |
| 轮 虫 | 0.000 2 | 0.000 8 | 0.005 | 0.02 |
| 枝角类 | 0.02 | 0.05 | 0.20 | 1.30 |
| 桡足类 | 0.01 | 0.03 | 0.09 | 0.20 |
| 注 1：枝角类和桡足类，小型指体长约 0.5 mm，中型指体长约 1 mm，大型指体长约 1.5 mm，特大型指体长约为 2 mm 以上者； | | | | |
| 注 2：桡足类之无节幼体重 0.003 mg，不计在表内，桡足类幼体按小型计。 | | | | |

# 参 考 文 献

[1]GB/T 14014—1992.蚕丝、合成纤维筛网.

[2]SL 168—96.水库渔业资源调查规范.

[3]张觉民、何志辉主编.内陆水域渔业自然资源调查手册.北京:农业出版社,1991.

[4]大连水产学院主编.淡水生物学(上册)(分类学部分).北京:农业出版社,1982.

[5]章宗涉、黄祥飞编著.淡水浮游生物研究方法.北京:科学出版社,1991.

[6]韩茂森、束蕴芳主编.中国淡水生物图谱.北京:海洋出版社,1995.

[7]梁象秋、方纪祖、杨和荃编著.水生生物学(形态和分类).北京:中国农业出版社,1995.

[8]胡鸿钧、魏印心编者.中国淡水藻类——系统分类及生态.北京:科学出版社,2006.

ICS 67.120.30
X 20

NY/T 1888—2010

# 中华人民共和国农业行业标准

## 绿色食品 软体动物休闲食品

Green food—Mollusk leisure food

2010-05-20 发布

2010-09-01 实施

中华人民共和国农业部 发布

# 前　言

本标准由中国绿色食品发展中心提出并归口。

本标准起草单位:广东海洋大学、国家海产品质量监督检验中心(湛江)。

本标准主要起草人:黄和、蒋志红、周浓、罗林、吴晓萍、陈宏、黄国方、叶盛权、陈良、吴文龙。

# 绿色食品　软体动物休闲食品

## 1　范围

本标准规定了绿色食品软体动物休闲食品的术语和定义、要求、试验方法、检验规则、标签、标志、包装、运输和贮存。

本标准适用于绿色食品软体动物休闲食品，包括头足类休闲食品和贝类休闲食品等产品；本标准不适用于熏制软体动物休闲食品。

## 2　规范性引用文件

下列文件对于本文件的应用是必不可少的。凡是注日期的引用文件，仅注日期的版本适用于本文件。凡是不注日期的引用文件，其最新版本（包括所有的修改单）适用于本文件。

GB 2733　鲜、冻动物性水产品卫生标准

GB/T 4789.2　食品卫生微生物学检验　菌落总数测定

GB/T 4789.3　食品卫生微生物学检验　大肠菌群计数

GB/T 4789.4　食品卫生微生物学检验　沙门氏菌检验

GB/T 4789.7　食品卫生微生物学检验　副溶血性弧菌检验

GB/T 4789.10　食品卫生微生物学检验　金黄色葡萄球菌检验

GB/T 4789.30　食品卫生微生物学检验　单核细胞增生李斯特氏菌检验

GB/T 5009.3　食品中水分的测定

GB/T 5009.11　食品中总砷及无机砷的测定

GB/T 5009.17　食品中总汞及有机汞的测定

GB/T 5009.28　食品中糖精钠的测定

GB/T 5009.29　食品中山梨酸、苯甲酸的测定

GB/T 5009.34　食品中亚硫酸盐的测定

GB/T 5009.97　食品中环己基氨基磺酸钠的测定

GB/T 5009.190　食品中指示性多氯联苯含量的测定

GB 5749　生活饮用水卫生标准

GB 7718　预包装食品标签通则

GB/T 23497—2009　鱿鱼丝

JJF 1070　定量包装商品净含量计量检验规则

NY/T 392　绿色食品　食品添加剂使用准则

NY/T 658　绿色食品　包装通用准则

NY/T 1040　绿色食品　食用盐

NY/T 1055　绿色食品　产品检验规则

NY/T 1056　绿色食品　贮藏运输准则

NY/T 1329　绿色食品　海水贝

SC/T 3009　水产品加工质量管理规范

SC/T 3011　水产品中盐分的测定

国家质量监督检验检疫总局令（2005）第 75 号　《定量包装商品计量监督管理方法》

## 3 术语和定义

下列术语和定义适用于本标准。

### 3.1

**头足类休闲食品 cephalopods leisure food**

以鲜或冻鱿鱼、墨鱼和章鱼等头足类水产品为原料,经清洗、预处理、水煮、调味、熟制或杀菌等工序制成的食品。

### 3.2

**贝类休闲食品 shellfish leisure food**

以活或冻扇贝、牡蛎、贻贝、蛤、蛏、蚶等贝类为原料,经清洗、水煮、调味、熟制或杀菌等工序制成的食品。

## 4 要求

### 4.1 原辅料

#### 4.1.1 原料

原料应符合 GB 2733、NY/T 1329 的规定。

#### 4.1.2 辅料

食品添加剂应符合 NY/T 392 的规定;食用盐应符合 NY/T 1040 的规定;其他辅料应符合相应的标准及有关规定。

#### 4.1.3 加工用水

应符合 GB 5749 的规定。

### 4.2 加工

加工过程的卫生要求及加工企业质量管理应符合 SC/T 3009 的规定。

### 4.3 感官

应符合表 1 的规定。

表 1  感官要求

| 项 目 | 要 求 | |
|---|---|---|
| | 头足类休闲食品 | 贝类休闲食品 |
| 色泽 | 具有本品应有的色泽 | |
| 组织形态 | 组织紧密适度,呈丝条状、片状或本品固有形状 | 组织紧密适度,呈粒状或本品固有形状 |
| 气味与滋味 | 具有本品应有的气味与滋味,无异味 | |
| 杂质 | 无肉眼可见杂质 | |

### 4.4 理化指标

应符合表 2 的规定。

表 2  理化指标
单位为克每百克

| 项 目 | 指 标 | |
|---|---|---|
| | 头足类休闲食品 | 贝类休闲食品 |
| 碎末率[a] | 净含量<500 g | ≤1 | |

表 2（续）

| 项　目 | 指　标 | |
|---|---|---|
| | 头足类休闲食品 | 贝类休闲食品 |
| 碎末率[a] | 净含量 500 g～1 000 g　　≤2<br>净含量≥1 000 g　　≤3 | — |
| 水分 | 鱿鱼丝 22～30<br>墨鱼丝≤30<br>其他产品≤55 | ≤70 |
| 盐分（以 NaCl 计） | 鱿鱼丝 2～8<br>其他产品≤8 | ≤8 |
| [a]　不适用于风味鱿鱼丝。 | | |

## 4.5　净含量

应符合国家质量监督检验检疫总局令(2005)第 75 号的规定。

## 4.6　卫生指标

应符合表 3 的规定。

表 3　卫生指标

| 项　目 | 指　标 |
|---|---|
| 无机砷（以 As 计），mg/kg | ≤1.0 |
| 甲基汞，mg/kg | ≤0.5 |
| 多氯联苯，mg/kg<br>（以 PCB 28、PCB 52、PCB 101、PCB 118、PCB 138、PCB 153 和 PCB 180 总和计） | ≤2.0 |
| PCB 138，mg/kg | ≤0.5 |
| PCB 153，mg/kg | ≤0.5 |
| 亚硫酸盐（以 $SO_2$ 计），mg/kg | ≤30 |
| 糖精钠，mg/kg | 不得检出（<0.15） |
| 环己基氨基磺酸钠，mg/kg | 不得检出（<2） |
| 苯甲酸及其钠盐（以苯甲酸计），mg/kg | 不得检出（<1） |
| 山梨酸及其钾盐（以山梨酸计），g/kg | ≤1.0 |

## 4.7　微生物学指标

应符合表 4 的规定。

表 4　微生物学指标

| 项　目 | 指　标 |
|---|---|
| 菌落总数，cfu/g | ≤30 000 |
| 大肠菌群，MPN/g | <3.0 |
| 沙门氏菌 | 不得检出 |
| 副溶血性弧菌 | 不得检出 |
| 金黄色葡萄球菌 | 不得检出 |
| 李斯特氏菌 | 不得检出 |

## 5 试验方法

### 5.1 感官检验

取至少三个包装的样品,将试样平摊于白色搪瓷平盘内,在光线充足、无异味、清洁卫生的环境中检验。

### 5.2 净含量测定

按 JJF 1070 的规定执行。

### 5.3 理化指标检验

#### 5.3.1 碎末率

按 GB/T 23497—2009 中 5.3.1 的规定执行。

#### 5.3.2 水分

按 GB/T 5009.3 的规定执行。

#### 5.3.3 盐分

按 SC/T 3011 的规定执行。

### 5.4 卫生指标检验

#### 5.4.1 无机砷

按 GB/T 5009.11 的规定执行。

#### 5.4.2 甲基汞

按 GB/T 5009.12 的规定执行。

#### 5.4.3 多氯联苯

按 GB/T 5009.190 的规定执行。

#### 5.4.4 亚硫酸盐

按 GB/T 5009.34 的规定执行。

#### 5.4.5 糖精钠

按 GB/T 5009.28 的规定执行。

#### 5.4.6 环己基氨基磺酸钠

按 GB/T 5009.97 的规定执行。

#### 5.4.7 苯甲酸及其钠盐、山梨酸及其钾盐

按 GB/T 5009.29 的规定执行。

### 5.5 微生物学指标检验

#### 5.5.1 菌落总数检验

按 GB/T 4789.2 的规定执行。

#### 5.5.2 大肠菌群检验

按 GB/T 4789.3 的规定执行。

#### 5.5.3 沙门氏菌检验

按 GB/T 4789.4 的规定执行。

#### 5.5.4 副溶血性弧菌检验

按 GB/T 4789.7 的规定执行。

#### 5.5.5 金黄色葡萄球菌检验

按 GB/T 4789.10 的规定执行。

#### 5.5.6 李斯特氏菌检验

按 GB/T 4789.30 的规定执行。

## 6 检验规则

按 NY/T 1055 的规定执行。

## 7 标签和标志

### 7.1 标签

按 GB 7718 规定执行。

### 7.2 标志

产品的包装上应有绿色食品标志。标志设计和使用应符合中国绿色食品发展中心的规定。

## 8 包装、运输和贮存

### 8.1 包装

包装及包装材料按 NY/T 658 的规定执行。

### 8.2 运输和贮存

按 NY/T 1056 的规定执行。

ICS 65.150
B 52

# 中华人民共和国农业行业标准

NY 5361—2010

# 无公害食品 淡水养殖产地环境条件

2010-09-21 发布
2010-12-01 实施

中华人民共和国农业部 发布

NY 5361—2010

# 前　言

本标准遵照 GB/T 1.1—2009 给出的规则起草。

本标准由中华人民共和国农业部渔业局提出并归口。

本标准起草单位:中国水产科学研究院长江水产研究所、农业部农产品质量安全中心。

本标准主要起草人:何力、郑蓓蓓、廖超子、朱祥云、郑卫东。

# 无公害食品 淡水养殖产地环境条件

## 1 范围

本标准规定了淡水养殖产地选择、养殖水质和底质要求、样品采集、测定方法和结果判定。

本标准适用于无公害农产品(淡水养殖产品)产地环境的检测和评价。

## 2 规范性引用文件

下列文件对于本文件的应用是必不可少的。凡是注日期的引用文件,仅注日期的版本适用于本文件。凡是不注日期的引用文件,其最新版本(包括所有的修改单)适用于本文件。

GB/T 5750.4 生活饮用水标准检验方法 感官性状和物理指标

GB/T 5750.12 生活饮用水标准检验方法 微生物指标

GB/T 7466 水质 总铬的测定

GB/T 7468 水质 总汞的测定 冷原子吸收分光光度法

GB/T 7470 水质 铅的测定 双硫腙分光光度法

GB/T 7471 水质 镉的测定 双硫腙分光光度法

GB/T 7475 水质 铜、锌、铅、镉的测定 原子吸收分光光度法

GB/T 7485 水质 总砷的测定 二乙基二硫代胺基甲酸银分光光度法

GB/T 7490 水质 挥发酚的测定 蒸馏后4-氨基安替比林分光光度法

GB/T 7491 水质 挥发酚的测定 蒸馏后溴化容量法

GB/T 8538 饮用天然矿泉水检验方法

GB 11607 渔业水质标准

GB/T 12997 水质 采样方案设计技术规定

GB/T 12998 水质 采样技术指导

GB/T 12999 水质采样 样品的保存和管理技术规定

GB/T 13192 水质 有机磷农药的测定 气相色谱法

GB/T 16488 水质 石油类和动植物油的测定 红外光度法

GB/T 16489 水质 硫化物的测定 亚甲基蓝分光光度法

GB/T 17133 水质 硫化物的测定 直接显色分光光度法

GB 17378.3 海洋监测规范 第3部分 样品采集、贮存与运输

GB 17378.5 海洋监测规范 第5部分 沉积物分析

HJ/T 341 水质 汞的测定 冷原子荧光法(试行)

SC/T 9101 淡水池塘养殖水排放要求

## 3 要求

### 3.1 产地选择

3.1.1 养殖产地周边应无工业、农业、医疗及城市生活废弃物和废水等其他对渔业水质构成威胁的污染源。

3.1.2 水(电)源充足,交通便利,排灌方便。

3.1.3 有清除过量底泥的条件。

3.1.4 有防止突发外来水污染的设施或条件。

3.1.5 对缺水或循环水养殖地,需有过滤、沉淀和消毒的处理设施。

## 3.2 产地环境保护

3.2.1 应加强环境保护,并制定环保措施。

3.2.2 保证养殖废水排放满足 SC/T 9101 的要求。

3.2.3 应设置并明示产地标识牌,内容包括产地名称、面积、范围和防污染警示等。

## 3.3 养殖用水

3.3.1 淡水养殖水源应符合 GB 11607 的规定。

3.3.2 淡水养殖用水水质应符合表1的要求。

表 1 淡水养殖用水水质要求

| 序号 | 项 目 | 标准值 |
|---|---|---|
| 1 | 色、臭、味 | 无异色、异臭、异味 |
| 2 | 总大肠杆菌,MPN/L | ≤5 000 |
| 3 | 汞,mg/L | ≤0.000 1 |
| 4 | 镉,mg/L | ≤0.005 |
| 5 | 铅,mg/L | ≤0.05 |
| 6 | 铬,mg/L | ≤0.1 |
| 7 | 砷,mg/L | ≤0.05 |
| 8 | 硫化物,mg/L | ≤0.2 |
| 9 | 石油类,mg/L | ≤0.05 |
| 10 | 挥发酚,mg/L | ≤0.005 |
| 11 | 甲基对硫磷,mg/L | ≤0.000 5 |
| 12 | 马拉硫磷,mg/L | ≤0.005 |
| 13 | 乐果,mg/L | ≤0.1 |

## 3.4 养殖产地底质

3.4.1 产地底质无工业废弃物和生活垃圾,无大型植物碎屑和动物尸体。

3.4.2 淡水贝类、蟹类养殖产地底质应符合表2的要求。

表 2 淡水养殖产地底质要求

| 序号 | 项 目 | 标准值 |
|---|---|---|
| 1 | 汞,mg/kg | ≤0.2(干重) |
| 2 | 镉,mg/kg | ≤0.5(干重) |
| 3 | 铜,mg/kg | ≤35(干重) |
| 4 | 铅,mg/kg | ≤60(干重) |
| 5 | 铬,mg/kg | ≤80(干重) |
| 6 | 砷,mg/kg | ≤20(干重) |
| 7 | 硫化物,mg/kg | ≤300(干重) |

## 4 样品采集、贮存、运输和处理

4.1 水质样品的采集、贮存、运输和处理按 GB/T 12997、GB/T 12998 和 GB/T 12999 的规定执行。

**4.2** 底质样品的采集、贮存、运输和处理按 GB 17378.3 的规定执行。

## 5 测定方法

**5.1** 水质测定方法见表3。

表3 淡水养殖产地水质测定方法

| 序号 | 项目 | 测定方法 | 检出限,mg/L | 引用标准 |
|------|------|----------|-------------|----------|
| 1 | 色、臭、味 | 感官法 | — | GB/T 5750.4 |
| 2 | 总大肠菌群 | (1)多管发酵法<br>(2)滤膜法 | — | GB/T 5750.12 |
| 3 | 汞 | (1)冷原子吸收分光光度法<br>(2)冷原子荧光法 | 0.000 05<br>0.000 01 | GB/T 7468<br>HJ/T 341 |
| 4 | 镉 | (1)原子吸收分光光度法<br>(2)双硫腙分光光度法 | 0.001<br>0.001 | GB/T 7475<br>GB/T 7471 |
| 5 | 铅 | (1)原子吸收分光光度法<br>(2)双硫腙分光光度法 | 0.01<br>0.01 | GB/T 7475<br>GB/T 7470 |
| 6 | 铬 | 二苯碳酰二肼分光光度法 | 0.004 | GB/T 7466 |
| 7 | 砷 | (1)二乙基二硫代氨基甲酸银分光光度法<br>(2)原子荧光光度法 | 0.007<br>0.000 04 | GB/T 7485<br>GB/T 8538 |
| 8 | 硫化物 | (1)亚甲基蓝分光光度法<br>(2)直接显色分光光度法 | 0.005<br>0.004 | GB/T 16489<br>GB/T 17133 |
| 9 | 石油类 | 红外分光光度法 | 0.01 | GB/T 16488 |
| 10 | 挥发酚 | (1)蒸馏后 4-氨基安替比林分光光度法<br>(2)蒸馏后溴化容量法 | 0.002<br>— | GB/T 7490<br>GB/T 7491 |
| 11 | 马拉硫磷 | 气相色谱法 | 0.000 43 | GB/T 13192 |
| 12 | 甲基对硫磷 | 气相色谱法 | 0.000 42 | GB/T 13192 |
| 13 | 乐果 | 气相色谱法 | 0.000 57 | GB/T 13192 |
| 注:部分有多种测定方法的指标,在测定结果出现争议时,以方法(1)为仲裁方法。 ||||||

**5.2** 底质测定方法见表4。

表4 淡水养殖产地底质测定方法

| 序号 | 项目 | 测定方法 | 检出限,mg/kg | 引用标准 |
|------|------|----------|--------------|----------|
| 1 | 汞 | (1)原子荧光法<br>(2)冷原子吸收分光光度法 | $2.0 \times 10^{-3}$<br>$5.0 \times 10^{-3}$ | GB 17378.5 |
| 2 | 镉 | (1)无火焰原子吸收分光光度法<br>(2)火焰原子吸收分光光度法 | 0.04<br>0.05 | GB 17378.5 |
| 3 | 铜 | (1)无火焰原子吸收分光光度法<br>(2)火焰原子吸收分光光度法 | 0.5<br>2.0 | GB 17378.5 |
| 4 | 铅 | (1)无火焰原子吸收分光光度法<br>(2)火焰原子吸收分光光度法 | 1.0<br>3.0 | GB 17378.5 |
| 5 | 铬 | (1)无火焰原子吸收分光光度法<br>(2)二苯碳酰二肼分光光度法 | 2.0 | GB 17378.5 |
| 6 | 砷 | (1)氢化物—原子吸收分光光度法<br>(2)砷铝酸—结晶紫外分光光度法<br>(3)催化极谱法 | 3.0<br>1.0<br>2.0 | GB 17378.5 |
| 7 | 硫化物 | (1)碘量法<br>(2)亚甲基蓝分光光度法<br>(3)离子选择电极法 | 4.0<br>0.3<br>0.2 | GB 17378.5 |
| 注:部分有多种测定方法的指标,在测定结果出现争议时,以方法(1)为仲裁方法。 ||||||

## 6 结果判定

产地选择、环境保护措施应符合要求。本标准的水质、底质采用单项判定法,所列指标单项超标,则判定为不合格。

———————————

ICS 65.150
B 51

# 中华人民共和国农业行业标准

NY 5362—2010

# 无公害食品　海水养殖产地环境条件

2010-09-21 发布

2010-12-01 实施

中华人民共和国农业部 发布

# 前　言

本标准遵照 GB/T 1.1—2009 给出的规则起草。

本标准由中华人民共和国农业部渔业局提出并归口。

本标准起草单位:山东省水产品质量检验中心。

本标准主要起草人:孙玉增、刘义豪、马元庆、靳洋、秦华伟、徐英江、任利华。

# 无公害食品 海水养殖产地环境条件

## 1 范围

本标准规定了海水养殖产地选择、养殖水质要求、养殖底质要求、采样方法、测定方法和判定规则。
本标准适用于无公害农产品(海水养殖产品)的产地环境检测与评价。

## 2 规范性引用文件

下列文件对于本文件的应用是必不可少的。凡是注日期的引用文件,仅注日期的版本适用于本文件。凡是不注日期的引用文件,其最新版本(包括所有的修改单)适用于本文件。

GB/T 12763.2 海洋调查规范 海洋水文观测

GB/T 13192 水质 有机磷农药的测定 气相色谱法

GB 17378.4 海洋监测规范第四部分:海水分析

GB 17378.5 海洋监测规范第五部分:沉积物分析

GB 17378.7 海洋监测规范第七部分:近海污染生态调查和生物监测

SC/T 9102.2 渔业生态监测规范第2部分:海洋

SC/T 9103 海水养殖水排放要求

## 3 要求

### 3.1 产地选择

3.1.1 养殖场应是不直接受工业"三废"及农业、城镇生活、医疗废弃物污染的水(地)域,具有可持续生产的能力。

3.1.2 产地周边没有对产地环境构成威胁的(包括工业"三废"、农业废弃物、医疗机构污水及废弃物、城市垃圾和生活污水等)污染源。

### 3.2 产地环境保护

3.2.1 产地在生产过程中应加强管理,注重环境保护,制定环保制度。

3.2.2 合理利用资源,提倡养殖用水循环使用,排放应符合 SC/T 9103 及其他相关规定。

3.2.3 产地在醒目位置应设置产地标识牌,内容包括产地名称、面积、范围和防污染警示等。

### 3.3 海水养殖水质要求

海水养殖用水应符合表1的规定。

**表 1 海水养殖用水水质要求**

| 序 号 | 项 目 | 限 量 值 |
|---|---|---|
| 1 | 色、臭、味 | 不得有异色、异臭、异味 |
| 2 | 粪大肠菌群,MPN/L | ≤2 000(供人生食的贝类养殖水质≤140) |
| 3 | 汞,mg/L | ≤0.000 2 |
| 4 | 镉,mg/L | ≤0.005 |
| 5 | 铅,mg/L | ≤0.05 |
| 6 | 总铬,mg/L | ≤0.1 |
| 7 | 砷,mg/L | ≤0.03 |
| 8 | 氰化物,mg/L | ≤0.005 |
| 9 | 挥发性酚,mg/L | ≤0.005 |

表1（续）

| 序 号 | 项 目 | 限 量 值 |
|---|---|---|
| 10 | 石油类,mg/L | ≤0.05 |
| 11 | 甲基对硫磷,mg/L | ≤0.000 5 |
| 12 | 乐果,mg/L | ≤0.1 |

### 3.4 海水养殖底质要求

3.4.1 无工业废弃物和生活垃圾,无大型植物碎屑和动物尸体。

3.4.2 无异色、异臭。

3.4.3 对于底播养殖的贝类、海参及池塘养殖海水蟹等,其底质应符合表2的规定。

表2 海水养殖底质要求

| 序 号 | 项 目 | 限 量 值 |
|---|---|---|
| 1 | 粪大肠菌群,MPN/g（湿重） | ≤40（供人生食的贝类增养殖底质≤3） |
| 2 | 汞,mg/kg（干重） | ≤0.2 |
| 3 | 镉,mg/kg（干重） | ≤0.5 |
| 4 | 铜,mg/kg（干重） | ≤35 |
| 5 | 铅,mg/kg（干重） | ≤60 |
| 6 | 铬,mg/kg（干重） | ≤80 |
| 7 | 砷,mg/kg（干重） | ≤20 |
| 8 | 石油类,mg/kg（干重） | ≤500 |
| 9 | 多氯联苯（PCB 28、PCB 52、PCB 101、PCB 118、PCB 138、PCB 153、PCB 180 总量）mg/kg（干重） | ≤0.02 |

### 4 采样方法

海水养殖用水水质、底质检测样品的采集、贮存和预处理按 SC/T 9102.2、GB/T 12763.4 和 GB 17378.3 的规定执行。

### 5 测定方法

5.1 海水养殖用水水质项目按表3规定的检验方法执行。

表3 海水养殖水质项目测定方法

| 序 号 | 项 目 | 检验方法 | 检出限,mg/L | 依据标准 |
|---|---|---|---|---|
| 1 | 色、臭、味 | （1）比色法 | — | GB/T 12763.2 |
| | | （2）感官法 | — | GB 17378.4 |
| 2 | 粪大肠菌群 | （1）发酵法 | — | GB 17378.7 |
| | | （2）滤膜法 | — | |
| 3 | 汞 | （1）原子荧光法 | $7.0×10^{-6}$ | GB 17378.4 |
| | | （2）冷原子吸收分光光度法 | $1.0×10^{-6}$ | |
| | | （3）金捕集冷原子吸收分光光度法 | $2.7×10^{-6}$ | |
| 4 | 镉 | （1）无火焰原子吸收分光光度法 | $1.0×10^{-5}$ | GB 17378.4 |
| | | （2）阳极溶出伏安法 | $9.0×10^{-5}$ | |
| | | （3）火焰原子吸收分光光度法 | $3.0×10^{-4}$ | |
| 5 | 铅 | （1）无火焰原子吸收分光光度法 | $3.0×10^{-5}$ | GB 17378.4 |
| | | （2）阳极溶出伏安法 | $3.0×10^{-4}$ | |
| | | （3）火焰原子吸收分光光度法 | $1.8×10^{-3}$ | |

表 3（续）

| 序 号 | 项 目 | 检验方法 | 检出限，mg/L | 依据标准 |
|---|---|---|---|---|
| 6 | 总铬 | (1)无火焰原子吸收分光光度法 | $4.0×10^{-4}$ | GB 17378.4 |
| | | (2)二苯碳酰二肼分光光度法 | $3.0×10^{-4}$ | |
| 7 | 砷 | (1)原子荧光法 | $5.0×10^{-4}$ | GB 17378.4 |
| | | (2)砷化氢—硝酸银分光光度法 | $4.0×10^{-4}$ | |
| | | (3)氢化物发生原子吸收分光光度法 | $6.0×10^{-5}$ | |
| | | (4)催化极谱法 | $1.1×10^{-3}$ | |
| 8 | 氰化物 | (1)异烟酸—吡唑啉酮分光光度法 | $5.0×10^{-4}$ | GB 17378.4 |
| | | (2)吡啶—巴比士酸分光光度法 | $3.0×10^{-4}$ | |
| 9 | 挥发性酚 | 4-氨基安替比林分光光度法 | $1.1×10^{-3}$ | GB 17378.4 |
| 10 | 石油类 | (1)荧光分光光度法 | $1.0×10^{-3}$ | GB 17378.4 |
| | | (2)紫外分光光度法 | $3.5×10^{-3}$ | |
| 11 | 甲基对硫磷 | 气相色谱法 | $4.2×10^{-4}$ | GB/T 13192 |
| 12 | 乐果 | 气相色谱法 | $5.7×10^{-4}$ | GB/T 13192 |

注：部分有多种测定方法的指标，在测定结果出现争议时，以方法(1)为仲裁方法。

5.2 海水养殖底质按表4规定的检验方法执行。

表 4  海水养殖底质项目测定方法

| 序 号 | 项 目 | 检验方法 | 检出限，mg/kg | 依据标准 |
|---|---|---|---|---|
| 1 | 粪大肠菌群 | (1)发酵法 | — | GB 17378.7 |
| | | (2)滤膜法 | | |
| 2 | 汞 | (1)原子荧光法 | $2.0×10^{-3}$ | GB 17378.5 |
| | | (2)冷原子吸收分光光度法 | $5.0×10^{-3}$ | |
| 3 | 镉 | (1)无火焰原子吸收分光光度法 | 0.04 | GB 17378.5 |
| | | (2)火焰原子吸收分光光度法 | 0.05 | |
| 4 | 铅 | (1)无火焰原子吸收分光光度法 | 1.0 | GB 17378.5 |
| | | (2)火焰原子吸收分光光度法 | 3.0 | |
| 5 | 铜 | (1)无火焰原子吸收分光光度法 | 0.5 | GB 17378.5 |
| | | (2)火焰原子吸收分光光度法 | 2.0 | |
| 6 | 铬 | (1)无火焰原子吸收分光光度法 | 2.0 | GB 17378.5 |
| | | (2)二苯碳酰二肼分光光度法 | 2.0 | |
| 7 | 砷 | (1)原子荧光法 | 0.06 | GB 17378.5 |
| | | (2)砷铝酸—结晶紫外分光光度法 | 3.0 | |
| | | (3)氢化物—原子吸收分光光度法 | 1.0 | |
| | | (4)催化极谱法 | 2.0 | |
| 8 | 石油类 | (1)荧光分光光度法 | 1.0 | GB 17378.5 |
| | | (2)紫外分光光度法 | 3.0 | |
| | | (3)重量法 | 20 | |
| 9 | 多氯联苯 | 气相色谱法 | $59×10^{-6}$ | GB 17378.5 |

注：部分有多种测定方法的指标，在测定结果出现争议时，以方法(1)为仲裁方法。

## 6  判定规则

场址选择、环境保护措施符合要求，水质、底质按本标准采用单项判定法，所列指标单项超标，判定为不合格。

# 附录

## 中华人民共和国农业部公告
## 第 1390 号

《茭白等级规格》等 122 项标准业经专家审定通过，我部审查批准，现发布为中华人民共和国农业行业标准。自 2010 年 9 月 1 日起实施。

特此公告

二〇一〇年五月二十日

| 序号 | 标准号 | 标准名称 | 代替标准号 |
|---|---|---|---|
| 1 | NY/T 1834—2010 | 茭白等级规格 | |
| 2 | NY/T 1835—2010 | 大葱等级规格 | |
| 3 | NY/T 1836—2010 | 白灵菇等级规格 | |
| 4 | NY/T 1837—2010 | 西葫芦等级规格 | |
| 5 | NY/T 1838—2010 | 黑木耳等级规格 | |
| 6 | NY/T 1839—2010 | 果树术语 | |
| 7 | NY/T 1840—2010 | 露地蔬菜产品认证申报审核规范 | |
| 8 | NY/T 1841—2010 | 苹果中可溶性固形物、可滴定酸无损伤快速测定　近红外光谱法 | |
| 9 | NY/T 1842—2010 | 人参中皂苷的测定 | |
| 10 | NY/T 1843—2010 | 葡萄无病毒母本树和苗木 | |
| 11 | NY/T 1844—2010 | 农作物品种审定规范　食用菌 | |
| 12 | NY/T 1845—2010 | 食用菌菌种区别性鉴定　拮抗反应 | |
| 13 | NY/T 1846—2010 | 食用菌菌种检验规程 | |
| 14 | NY/T 1847—2010 | 微生物肥料生产菌株质量评价通用技术要求 | |
| 15 | NY/T 1848—2010 | 中性、石灰性土壤铵态氮、有效磷、速效钾的测定　联合浸提—比色法 | |
| 16 | NY/T 1849—2010 | 酸性土壤铵态氮、有效磷、速效钾的测定　联合浸提—比色法 | |
| 17 | NY/T 1850—2010 | 外来昆虫引入风险评估技术规范 | |
| 18 | NY/T 1851—2010 | 外来草本植物引入风险评估技术规范 | |
| 19 | NY/T 1852—2010 | 内生集壶菌检疫技术规程 | |
| 20 | NY/T 1853—2010 | 除草剂对后茬作物影响试验方法 | |
| 21 | NY/T 1854—2010 | 马铃薯晚疫病测报技术规范 | |
| 22 | NY/T 1855—2010 | 西藏飞蝗测报技术规范 | |
| 23 | NY/T 1856—2010 | 农区鼠害控制技术规程 | |
| 24 | NY/T 1857.1—2010 | 黄瓜主要病害抗病性鉴定技术规程　第1部分:黄瓜抗霜霉病鉴定技术规程 | |
| 25 | NY/T 1857.2—2010 | 黄瓜主要病害抗病性鉴定技术规程　第2部分:黄瓜抗白粉病鉴定技术规程 | |
| 26 | NY/T 1857.3—2010 | 黄瓜主要病害抗病性鉴定技术规程　第3部分:黄瓜抗枯萎病鉴定技术规程 | |
| 27 | NY/T 1857.4—2010 | 黄瓜主要病害抗病性鉴定技术规程　第4部分:黄瓜抗疫病鉴定技术规程 | |
| 28 | NY/T 1857.5—2010 | 黄瓜主要病害抗病性鉴定技术规程　第5部分:黄瓜抗黑星病鉴定技术规程 | |
| 29 | NY/T 1857.6—2010 | 黄瓜主要病害抗病性鉴定技术规程　第6部分:黄瓜抗细菌性角斑病鉴定技术规程 | |
| 30 | NY/T 1857.7—2010 | 黄瓜主要病害抗病性鉴定技术规程　第7部分:黄瓜抗黄瓜花叶病毒病鉴定技术规程 | |
| 31 | NY/T 1857.8—2010 | 黄瓜主要病害抗病性鉴定技术规程　第8部分:黄瓜抗南方根结线虫病鉴定技术规程 | |
| 32 | NY/T 1858.1—2010 | 番茄主要病害抗病性鉴定技术规程　第1部分:番茄抗晚疫病鉴定技术规程 | |
| 33 | NY/T 1858.2—2010 | 番茄主要病害抗病性鉴定技术规程　第2部分:番茄抗叶霉病鉴定技术规程 | |
| 34 | NY/T 1858.3—2010 | 番茄主要病害抗病性鉴定技术规程　第3部分:番茄抗枯萎病鉴定技术规程 | |
| 35 | NY/T 1858.4—2010 | 番茄主要病害抗病性鉴定技术规程　第4部分:番茄抗青枯病鉴定技术规程 | |

附 录

（续）

| 序号 | 标准号 | 标准名称 | 代替标准号 |
|---|---|---|---|
| 36 | NY/T 1858.5—2010 | 番茄主要病害抗病性鉴定技术规程　第 5 部分:番茄抗疮痂病鉴定技术规程 | |
| 37 | NY/T 1858.6—2010 | 番茄主要病害抗病性鉴定技术规程　第 6 部分:番茄抗番茄花叶病毒病鉴定技术规程 | |
| 38 | NY/T 1858.7—2010 | 番茄主要病害抗病性鉴定技术规程　第 7 部分:番茄抗黄瓜花叶病毒病鉴定技术规程 | |
| 39 | NY/T 1858.8—2010 | 番茄主要病害抗病性鉴定技术规程　第 8 部分:番茄抗南方根结线虫病鉴定技术规程 | |
| 40 | NY/T 1859.1—2010 | 农药抗性风险评估　第 1 部分:总则 | |
| 41 | NY/T 1464.27—2010 | 农药田间药效试验准则　第 27 部分:杀虫剂防治十字花科蔬菜蚜虫 | |
| 42 | NY/T 1464.28—2010 | 农药田间药效试验准则　第 28 部分:杀虫剂防治阔叶树天牛 | |
| 43 | NY/T 1464.29—2010 | 农药田间药效试验准则　第 29 部分:杀虫剂防治松褐天牛 | |
| 44 | NY/T 1464.30—2010 | 农药田间药效试验准则　第 30 部分:杀菌剂防治烟草角斑病 | |
| 45 | NY/T 1464.31—2010 | 农药田间药效试验准则　第 31 部分:杀菌剂防治生姜姜瘟病 | |
| 46 | NY/T 1464.32—2010 | 农药田间药效试验准则　第 32 部分:杀菌剂防治番茄青枯病 | |
| 47 | NY/T 1464.33—2010 | 农药田间药效试验准则　第 33 部分:杀菌剂防治豇豆锈病 | |
| 48 | NY/T 1464.34—2010 | 农药田间药效试验准则　第 34 部分:杀菌剂防治茄子黄萎病 | |
| 49 | NY/T 1464.35—2010 | 农药田间药效试验准则　第 35 部分:除草剂防治直播蔬菜田杂草 | |
| 50 | NY/T 1464.36—2010 | 农药田间药效试验准则　第 36 部分:除草剂防治菠萝地杂草 | |
| 51 | NY/T 1860.1—2010 | 农药理化性质测定试验导则　第 1 部分:pH 值 | |
| 52 | NY/T 1860.2—2010 | 农药理化性质测定试验导则　第 2 部分:酸(碱)度 | |
| 53 | NY/T 1860.3—2010 | 农药理化性质测定试验导则　第 3 部分:外观 | |
| 54 | NY/T 1860.4—2010 | 农药理化性质测定试验导则　第 4 部分:原药稳定性 | |
| 55 | NY/T 1860.5—2010 | 农药理化性质测定试验导则　第 5 部分:紫外/可见光吸收 | |
| 56 | NY/T 1860.6—2010 | 农药理化性质测定试验导则　第 6 部分:爆炸性 | |
| 57 | NY/T 1860.7—2010 | 农药理化性质测定试验导则　第 7 部分:水中光解 | |
| 58 | NY/T 1860.8—2010 | 农药理化性质测定试验导则　第 8 部分:正辛醇/水分配系数 | |
| 59 | NY/T 1860.9—2010 | 农药理化性质测定试验导则　第 9 部分:水解 | |
| 60 | NY/T 1860.10—2010 | 农药理化性质测定试验导则　第 10 部分:氧化—还原/化学不相容性 | |
| 61 | NY/T 1860.11—2010 | 农药理化性质测定试验导则　第 11 部分:闪点 | |
| 62 | NY/T 1860.12—2010 | 农药理化性质测定试验导则　第 12 部分:燃点 | |
| 63 | NY/T 1860.13—2010 | 农药理化性质测定试验导则　第 13 部分:与非极性有机溶剂混溶性 | |
| 64 | NY/T 1860.14—2010 | 农药理化性质测定试验导则　第 14 部分:饱和蒸气压 | |
| 65 | NY/T 1860.15—2010 | 农药理化性质测定试验导则　第 15 部分:固体可燃性 | |
| 66 | NY/T 1860.16—2010 | 农药理化性质测定试验导则　第 16 部分:对包装材料腐蚀性 | |
| 67 | NY/T 1860.17—2010 | 农药理化性质测定试验导则　第 17 部分:密度 | |
| 68 | NY/T 1860.18—2010 | 农药理化性质测定试验导则　第 18 部分:比旋光度 | |
| 69 | NY/T 1860.19—2010 | 农药理化性质测定试验导则　第 19 部分:沸点 | |
| 70 | NY/T 1860.20—2010 | 农药理化性质测定试验导则　第 20 部分:熔点 | |
| 71 | NY/T 1860.21—2010 | 农药理化性质测定试验导则　第 21 部分:黏度 | |
| 72 | NY/T 1860.22—2010 | 农药理化性质测定试验导则　第 22 部分:溶解度 | |
| 73 | NY/T 1861—2010 | 外来草本植物普查技术规程 | |
| 74 | NY/T 1862—2010 | 外来入侵植物监测技术规程　加拿大一枝黄花 | |
| 75 | NY/T 1863—2010 | 外来入侵植物监测技术规程　飞机草 | |
| 76 | NY/T 1864—2010 | 外来入侵植物监测技术规程　紫茎泽兰 | |

（续）

| 序号 | 标准号 | 标准名称 | 代替标准号 |
|---|---|---|---|
| 77 | NY/T 1865—2010 | 外来入侵植物监测技术规程　薇甘菊 | |
| 78 | NY/T 1866—2010 | 外来入侵植物监测技术规程　黄顶菊 | |
| 79 | NY/T 1867—2010 | 土壤腐殖质组成的测定　焦磷酸钠—氢氧化钠提取重铬酸钾氧化容量法 | |
| 80 | NY/T 1868—2010 | 肥料合理使用准则　有机肥料 | |
| 81 | NY/T 1869—2010 | 肥料合理使用准则　钾肥 | |
| 82 | NY 1870—2010 | 藏獒 | |
| 83 | NY/T 1871—2010 | 黄羽肉鸡饲养管理技术规程 | |
| 84 | NY/T 1872—2010 | 种羊遗传评估技术规范 | |
| 85 | NY/T 1873—2010 | 日本脑炎病毒抗体间接检测　酶联免疫吸附法 | |
| 86 | NY 1874—2010 | 制绳机械设备安全技术要求 | |
| 87 | NY/T 1875—2010 | 联合收割机禁用与报废技术条件 | |
| 88 | NY/T 1876—2010 | 喷杆式喷雾机安全施药技术规范 | |
| 89 | NY/T 1877—2010 | 轮式拖拉机质心位置测定　质量周期法 | |
| 90 | NY/T 1878—2010 | 生物质固体成型燃料技术条件 | |
| 91 | NY/T 1879—2010 | 生物质固体成型燃料采样方法 | |
| 92 | NY/T 1880—2010 | 生物质固体成型燃料样品制备方法 | |
| 93 | NY/T 1881.1—2010 | 生物质固体成型燃料试验方法　第1部分:通则 | |
| 94 | NY/T 1881.2—2010 | 生物质固体成型燃料试验方法　第2部分:全水分 | |
| 95 | NY/T 1881.3—2010 | 生物质固体成型燃料试验方法　第3部分:一般分析样品水分 | |
| 96 | NY/T 1881.4—2010 | 生物质固体成型燃料试验方法　第4部分:挥发分 | |
| 97 | NY/T 1881.5—2010 | 生物质固体成型燃料试验方法　第5部分:灰分 | |
| 98 | NY/T 1881.6—2010 | 生物质固体成型燃料试验方法　第6部分:堆积密度 | |
| 99 | NY/T 1881.7—2010 | 生物质固体成型燃料试验方法　第7部分:密度 | |
| 100 | NY/T 1881.8—2010 | 生物质固体成型燃料试验方法　第8部分:机械耐久性 | |
| 101 | NY/T 1882—2010 | 生物质固体成型燃料成型设备技术条件 | |
| 102 | NY/T 1883—2010 | 生物质固体成型燃料成型设备试验方法 | |
| 103 | NY/T 1884—2010 | 绿色食品　果蔬粉 | |
| 104 | NY/T 1885—2010 | 绿色食品　米酒 | |
| 105 | NY/T 1886—2010 | 绿色食品　复合调味料 | |
| 106 | NY/T 1887—2010 | 绿色食品　乳清制品 | |
| 107 | NY/T 1888—2010 | 绿色食品　软体动物休闲食品 | |
| 108 | NY/T 1889—2010 | 绿色食品　烘炒食品 | |
| 109 | NY/T 1890—2010 | 绿色食品　蒸制类糕点 | |
| 110 | NY/T 1891—2010 | 绿色食品　海洋捕捞水产品生产管理规范 | |
| 111 | NY/T 1892—2010 | 绿色食品　畜禽饲养防疫准则 | |
| 112 | SC/T 1106—2010 | 渔用药物代谢动力学和残留试验技术规范 | |
| 113 | SC/T 8139—2010 | 渔船设施卫生基本条件 | |
| 114 | SC/T 8137—2010 | 渔船布置图专用设备图形符号 | |
| 115 | SC/T 8117—2010 | 玻璃纤维增强塑料渔船木质阴模制作 | SC/T 8117—2001 |
| 116 | NY/T 1041—2010 | 绿色食品　干果 | NY/T 1041—2006 |
| 117 | NY/T 844—2010 | 绿色食品　温带水果 | NY/T 844—2004,<br>NY/T 428—2000 |
| 118 | NY/T 471—2010 | 绿色食品　畜禽饲料及饲料添加剂使用准则 | NY/T 471—2001 |
| 119 | NY/T 494—2010 | 魔芋粉 | NY/T 494—2002 |
| 120 | NY/T 528—2010 | 食用菌菌种生产技术规程 | NY/T 528—2002 |
| 121 | NY/T 496—2010 | 肥料合理使用准则　通则 | NY/T 496—2002 |
| 122 | SC 2018—2010 | 红鳍东方鲀 | SC 2018—2004 |

# 中华人民共和国农业部公告
# 第 1418 号

《加工用花生等级规格》等 44 项标准业经专家审定通过,我部审查批准,现发布为中华人民共和国农业行业标准,自 2010 年 9 月 1 日起实施。

特此公告

二〇一〇年七月八日

| 序号 | 标准号 | 标准名称 | 代替标准号 |
|---|---|---|---|
| 1 | NY/T 1893—2010 | 加工用花生等级规格 | |
| 2 | NY/T 1894—2010 | 茄子等级规格 | |
| 3 | NY/T 1895—2010 | 豆类、谷类电子束辐照处理技术规范 | |
| 4 | NY/T 1896—2010 | 兽药残留实验室质量控制规范 | |
| 5 | NY/T 1897—2010 | 动物及动物产品兽药残留监控抽样规范 | |
| 6 | NY/T 1898—2010 | 畜禽线粒体 DNA 遗传多样性检测技术规程 | |
| 7 | NY/T 1899—2010 | 草原自然保护区建设技术规范 | |
| 8 | NY/T 1900—2010 | 畜禽细胞与胚胎冷冻保种技术规范 | |
| 9 | NY/T 1901—2010 | 鸡遗传资源保种场保护技术规范 | |
| 10 | NY/T 1902—2010 | 饲料中单核细胞增生李斯特氏菌的微生物学检验 | |
| 11 | NY/T 1903—2010 | 牛胚胎性别鉴定技术方法　PCR 法 | |
| 12 | NY/T 1904—2010 | 饲草产品质量安全生产技术规范 | |
| 13 | NY/T 1905—2010 | 草原鼠害安全防治技术规程 | |
| 14 | NY/T 1906—2010 | 农药环境评价良好实验室规范 | |
| 15 | NY/T 1907—2010 | 推土(铲运)机驾驶员 | |
| 16 | NY/T 1908—2010 | 农机焊工 | |
| 17 | NY/T 1909—2010 | 农机专业合作社经理人 | |
| 18 | NY/T 1910—2010 | 农机维修电工 | |
| 19 | NY/T 1911—2010 | 绿化工 | |
| 20 | NY/T 1912—2010 | 沼气物管员 | |
| 21 | NY/T 1913—2010 | 农村太阳能光伏室外照明装置　第 1 部分:技术要求 | |
| 22 | NY/T 1914—2010 | 农村太阳能光伏室外照明装置　第 2 部分:安装规范 | |
| 23 | NY/T 1915—2010 | 生物质固体成型燃料术语 | |
| 24 | NY/T 1916—2010 | 非自走式沼渣沼液抽排设备技术条件 | |
| 25 | NY/T 1917—2010 | 自走式沼渣沼液抽排设备技术条件 | |
| 26 | NY 1918—2010 | 农机安全监理证证件 | |
| 27 | NY 1919—2010 | 耕整机　安全技术要求 | |
| 28 | NY/T 1920—2010 | 微型谷物加工组合机　技术条件 | |
| 29 | NY/T 1921—2010 | 耕作机组作业能耗评价方法 | |
| 30 | NY/T 1922—2010 | 机插育秧技术规程 | |
| 31 | NY/T 1923—2010 | 背负式喷雾机安全施药技术规范 | |
| 32 | NY/T 1924—2010 | 油菜移栽机质量评价技术规范 | |
| 33 | NY/T 1925—2010 | 在用喷杆喷雾机质量评价技术规范 | |
| 34 | NY/T 1926—2010 | 玉米收获机　修理质量 | |
| 35 | NY/T 1927—2010 | 农机户经营效益抽样调查方法 | |
| 36 | NY/T 1928.1—2010 | 轮式拖拉机　修理质量　第 1 部分:皮带传动轮式拖拉机 | |
| 37 | NY/T 1929—2010 | 轮式拖拉机静侧翻稳定性试验方法 | |
| 38 | NY/T 1930—2010 | 秸秆颗粒饲料压制机质量评价技术规范 | |
| 39 | NY/T 1931—2010 | 农业机械先进性评价一般方法 | |
| 40 | NY/T 1932—2010 | 联合收割机燃油消耗量评价指标及测量方法 | |
| 41 | NY/T 1121.22—2010 | 土壤检测　第 22 部分:土壤田间持水量的测定　环刀法 | |
| 42 | NY/T 1121.23—2010 | 土壤检测　第 23 部分:土粒密度的测定 | |
| 43 | NY/T 676—2010 | 牛肉等级规格 | NY/T 676—2003 |
| 44 | NY/T 372—2010 | 重力式种子分选机质量评价技术规范 | NY/T 372—1999 |

# 中华人民共和国农业部公告
# 第 1466 号

《大豆等级规格》等 33 项行业标准报批稿业经专家审定通过、我部审查批准,现发布为中华人民共和国农业行业标准,自 2010 年 12 月 1 日起实施。

特此公告

二○一○年九月二十一日

| 序号 | 标准号 | 标准名称 | 代替标准号 |
|---|---|---|---|
| 1 | NY/T 1933—2010 | 大豆等级规格 | |
| 2 | NY/T 1934—2010 | 双孢蘑菇、金针菇贮运技术规范 | |
| 3 | NY/T 1935—2010 | 食用菌栽培基质质量安全要求 | |
| 4 | NY/T 1936—2010 | 连栋温室采光性能测试方法 | |
| 5 | NY/T 1937—2010 | 温室湿帘　风机系统降温性能测试方法 | |
| 6 | NY/T 1938—2010 | 植物性食品中稀土元素的测定　电感耦合等离子体发射光谱法 | |
| 7 | NY/T 1939—2010 | 热带水果包装、标识通则 | |
| 8 | NY/T 1940—2010 | 热带水果分类和编码 | |
| 9 | NY/T 1941—2010 | 龙舌兰麻种质资源鉴定技术规程 | |
| 10 | NY/T 1942—2010 | 龙舌兰麻抗病性鉴定技术规程 | |
| 11 | NY/T 1943—2010 | 木薯种质资源描述规范 | |
| 12 | NY/T 1944—2010 | 饲料中钙的测定　原子吸收分光光谱法 | |
| 13 | NY/T 1945—2010 | 饲料中硒的测定　微波消解—原子荧光光谱法 | |
| 14 | NY/T 1946—2010 | 饲料中牛羊源性成分检测　实时荧光聚合酶链反应法 | |
| 15 | NY/T 1947—2010 | 羊外寄生虫药浴技术规范 | |
| 16 | NY/T 1948—2010 | 兽医实验室生物安全要求通则 | |
| 17 | NY/T 1949—2010 | 隐孢子虫卵囊检测技术　改良抗酸染色法 | |
| 18 | NY/T 1950—2010 | 片形吸虫病诊断技术规范 | |
| 19 | NY/T 1951—2010 | 蜜蜂幼虫腐臭病诊断技术规范 | |
| 20 | NY/T 1952—2010 | 动物免疫接种技术规范 | |
| 21 | NY/T 1953—2010 | 猪附红细胞体病诊断技术规范 | |
| 22 | NY/T 1954—2010 | 蜜蜂螨病病原检查技术规范 | |
| 23 | NY/T 1955—2010 | 口蹄疫接种技术规范 | |
| 24 | NY/T 1956—2010 | 口蹄疫消毒技术规范 | |
| 25 | NY/T 1957—2010 | 畜禽寄生虫鉴定检索系统 | |
| 26 | NY/T 1958—2010 | 猪瘟流行病学调查技术规范 | |
| 27 | NY 5359—2010 | 无公害食品　香辛料产地环境条件 | |
| 28 | NY 5360—2010 | 无公害食品　可食花卉产地环境条件 | |
| 29 | NY 5361—2010 | 无公害食品　淡水养殖产地环境条件 | |
| 30 | NY 5362—2010 | 无公害食品　海水养殖产地环境条件 | |
| 31 | NY/T 5363—2010 | 无公害食品　蔬菜生产管理规范 | |
| 32 | NY/T 460—2010 | 天然橡胶初加工机械　干燥车 | NY/T 460—2001 |
| 33 | NY/T 461—2010 | 天然橡胶初加工机械　推进器 | NY/T 461—2001 |

# 中华人民共和国农业部公告
# 第 1485 号

根据《中华人民共和国农业转基因生物安全管理条例》规定,《转基因植物及其产品成分检测　耐除草剂棉花 MON1445 及其衍生品种定性 PCR 方法》等 19 项标准业经专家审定通过和我部审查批准,现发布为中华人民共和国国家标准。自 2011 年 1 月 1 日起实施。

特此公告

二〇一〇年十一月十五日

| 序号 | 标准名称 | 标准代号 |
|---|---|---|
| 1 | 转基因植物及其产品成分检测 耐除草剂棉花 MON1445 及其衍生品种定性 PCR 方法 | 农业部 1485 号公告—1—2010 |
| 2 | 转基因微生物及其产品成分检测 猪伪狂犬 TK⁻/gE⁻/gI⁻ 毒株(SA215 株)及其产品定性 PCR 方法 | 农业部 1485 号公告—2—2010 |
| 3 | 转基因植物及其产品成分检测 耐除草剂甜菜 H7‐1 及其衍生品种定性 PCR 方法 | 农业部 1485 号公告—3—2010 |
| 4 | 转基因植物及其产品成分检测 DNA 提取和纯化 | 农业部 1485 号公告—4—2010 |
| 5 | 转基因植物及其产品成分检测 抗病水稻 M12 及其衍生品种定性 PCR 方法 | 农业部 1485 号公告—5—2010 |
| 6 | 转基因植物及其产品成分检测 耐除草剂大豆 MON89788 及其衍生品种定性 PCR 方法 | 农业部 1485 号公告—6—2010 |
| 7 | 转基因植物及其产品成分检测 耐除草剂大豆 A2704—12 及其衍生品种定性 PCR 方法 | 农业部 1485 号公告—7—2010 |
| 8 | 转基因植物及其产品成分检测 耐除草剂大豆 A5547—127 及其衍生品种定性 PCR 方法 | 农业部 1485 号公告—8—2010 |
| 9 | 转基因植物及其产品成分检测 抗虫耐除草剂玉米 59122 及其衍生品种定性 PCR 方法 | 农业部 1485 号公告—9—2010 |
| 10 | 转基因植物及其产品成分检测 耐除草剂棉花 LLcotton25 及其衍生品种定性 PCR 方法 | 农业部 1485 号公告—10—2010 |
| 11 | 转基因植物及其产品成分检测 抗虫转 Bt 基因棉花定性 PCR 方法 | 农业部 1485 号公告—11—2010 |
| 12 | 转基因植物及其产品成分检测 耐除草剂棉花 MON88913 及其衍生品种定性 PCR 方法 | 农业部 1485 号公告—12—2010 |
| 13 | 转基因植物及其产品成分检测 抗虫棉花 MON15985 及其衍生品种定性 PCR 方法 | 农业部 1485 号公告—13—2010 |
| 14 | 转基因植物及其产品成分检测 抗虫转 Bt 基因棉花外源蛋白表达量检测技术规范 | 农业部 1485 号公告—14—2010 |
| 15 | 转基因植物及其产品成分检测 抗虫耐除草剂玉米 MON88017 及其衍生品种定性 PCR 方法 | 农业部 1485 号公告—15—2010 |
| 16 | 转基因植物及其产品成分检测 抗虫玉米 MIR604 及其衍生品种定性 PCR 方法 | 农业部 1485 号公告—16—2010 |
| 17 | 转基因生物及其产品食用安全检测 外源基因异源表达蛋白质等同性分析导则 | 农业部 1485 号公告—17—2010 |
| 18 | 转基因生物及其产品食用安全检测 外源蛋白质过敏性生物信息学分析方法 | 农业部 1485 号公告—18—2010 |
| 19 | 转基因植物及其产品成分检测 基体标准物质候选物鉴定方法 | 农业部 1485 号公告—19—2010 |

# 中华人民共和国农业部公告
# 第 1486 号

　　根据《中华人民共和国兽药管理条例》和《中华人民共和国饲料和饲料添加剂管理条例》规定,《饲料中苯乙醇胺 A 的测定　高效液相色谱—串联质谱法》等 10 项标准业经专家审定通过和我部审查批准,现发布为中华人民共和国国家标准,自发布之日起实施。

　　特此公告

二〇一〇年十一月十六日

| 序号 | 标准名称 | 标准代号 |
|------|----------|----------|
| 1 | 饲料中苯乙醇胺 A 的测定　高效液相色谱—串联质谱法 | 农业部 1486 号公告—1—2010 |
| 2 | 饲料中可乐定和赛庚啶的测定　液相色谱—串联质谱法 | 农业部 1486 号公告—2—2010 |
| 3 | 饲料中安普霉素的测定　高效液相色谱法 | 农业部 1486 号公告—3—2010 |
| 4 | 饲料中硝基咪唑类药物的测定　液相色谱—质谱法 | 农业部 1486 号公告—4—2010 |
| 5 | 饲料中阿维菌素药物的测定　液相色谱—质谱法 | 农业部 1486 号公告—5—2010 |
| 6 | 饲料中雷琐酸内酯类药物的测定　气相色谱—质谱法 | 农业部 1486 号公告—6—2010 |
| 7 | 饲料中 9 种磺胺类药物的测定　高效液相色谱法 | 农业部 1486 号公告—7—2010 |
| 8 | 饲料中硝基呋喃类药物的测定　高效液相色谱法 | 农业部 1486 号公告—8—2010 |
| 9 | 饲料中氯烯雌醚的测定　高效液相色谱法 | 农业部 1486 号公告—9—2010 |
| 10 | 饲料中三唑仑的测定　气相色谱—质谱法 | 农业部 1486 号公告—10—2010 |

# 中华人民共和国农业部公告
# 第 1515 号

　　《农业科学仪器设备分类与代码》等 50 项标准业经专家审定通过,我部审查批准,现发布为中华人民共和国农业行业标准,自 2011 年 2 月 1 日起实施。

　　特此公告。

二〇一〇年十二月二十三日

| 序号 | 标准号 | 标准名称 | 代替标准号 |
|---|---|---|---|
| 1 | NY/T 1959—2010 | 农业科学仪器设备分类与代码 | |
| 2 | NY/T 1960—2010 | 茶叶中磁性金属物的测定 | |
| 3 | NY/T 1961—2010 | 粮食作物名词术语 | |
| 4 | NY/T 1962—2010 | 马铃薯纺锤块茎类病毒检测 | |
| 5 | NY/T 1963—2010 | 马铃薯品种鉴定 | |
| 6 | NY/T 1151.3—2010 | 农药登记用卫生杀虫剂室内药效试验及评价　第3部分：蝇香 | |
| 7 | NY/T 1964.1—2010 | 农药登记用卫生杀虫剂室内试验试虫养殖方法　第1部分：家蝇 | |
| 8 | NY/T 1964.2—2010 | 农药登记用卫生杀虫剂室内试验试虫养殖方法　第2部分：淡色库蚊和致倦库蚊 | |
| 9 | NY/T 1964.3—2010 | 农药登记用卫生杀虫剂室内试验试虫养殖方法　第3部分：白纹伊蚊 | |
| 10 | NY/T 1964.4—2010 | 农药登记用卫生杀虫剂室内药效试验及评价　第4部分：德国小蠊 | |
| 11 | NY/T 1965.1—2010 | 农药对作物安全性评价准则　第1部分：杀菌剂和杀虫剂对作物安全性评价室内试验方法 | |
| 12 | NY/T 1965.2—2010 | 农药对作物安全性评价准则　第2部分：光合抑制型除草剂对作物安全性测定试验方法 | |
| 13 | NY/T 1966—2010 | 温室覆盖材料安装与验收规范　塑料薄膜 | |
| 14 | NY/T 1967—2010 | 纸质湿帘性能测试方法 | |
| 15 | NY/T 1968—2010 | 玉米干全酒糟（玉米DDGS） | |
| 16 | NY/T 1969—2010 | 饲料添加剂　产朊假丝酵母 | |
| 17 | NY/T 1970—2010 | 饲料中伏马毒素的测定 | |
| 18 | NY/T 1971—2010 | 水溶肥料腐植酸含量的测定 | |
| 19 | NY/T 1972—2010 | 水溶肥料钠、硒、硅含量的测定 | |
| 20 | NY/T 1973—2010 | 水溶肥料水不溶物含量和pH值的测定 | |
| 21 | NY/T 1974—2010 | 水溶肥料铜、铁、锰、锌、硼、钼含量的测定 | |
| 22 | NY/T 1975—2010 | 水溶肥料游离氨基酸含量的测定 | |
| 23 | NY/T 1976—2010 | 水溶肥料有机质含量的测定 | |
| 24 | NY/T 1977—2010 | 水溶肥料总氮、磷、钾含量的测定 | |
| 25 | NY/T 1978—2010 | 肥料汞、砷、镉、铅、铬含量的测定 | |
| 26 | NY 1979—2010 | 肥料登记　标签技术要求 | |
| 27 | NY 1980—2010 | 肥料登记　急性经口毒性试验及评价要求 | |
| 28 | NY/T 1981—2010 | 猪链球菌病监测技术规范 | |
| 29 | NY 886—2010 | 农林保水剂 | NY 886—2004 |
| 30 | NY/T 887—2010 | 液体肥料密度的测定 | NY/T 887—2004 |
| 31 | NY 1106—2010 | 含腐殖酸水溶肥料 | NY 1106—2006 |
| 32 | NY 1107—2010 | 大量元素水溶肥料 | NY 1107—2006 |
| 33 | NY 1110—2010 | 水溶肥料汞、砷、镉、铅、铬的限量要求 | NY 1110—2006 |
| 34 | NY/T 1117—2010 | 水溶肥料钙、镁、硫、氯含量的测定 | NY/T 1117—2006 |
| 35 | NY 1428—2010 | 微量元素水溶肥料 | NY 1428—2007 |
| 36 | NY 1429—2010 | 含氨基酸水溶肥料 | NY 1429—2007 |
| 37 | SC/T 1107—2010 | 中华鳖　亲鳖和苗种 | |
| 38 | SC/T 3046—2010 | 冻烤鳗良好生产规范 | |
| 39 | SC/T 3047—2010 | 鳗鲡储运技术规程 | |
| 40 | SC/T 3119—2010 | 活鳗鲡 | |
| 41 | SC/T 9401—2010 | 水生生物增殖放流技术规程 | |
| 42 | SC/T 9402—2010 | 淡水浮游生物调查技术规范 | |
| 43 | SC/T 1004—2010 | 鳗鲡配合饲料 | SC/T 1004—2004 |

附　录

| 序号 | 标准号 | 标准名称 | 代替标准号 |
|---|---|---|---|
| 44 | SC/T 3102—2010 | 鲜、冻带鱼 | SC/T 3102—1984 |
| 45 | SC/T 3103—2010 | 鲜、冻鲳鱼 | SC/T 3103—1984 |
| 46 | SC/T 3104—2010 | 鲜、冻蓝圆鲹 | SC/T 3104—1986 |
| 47 | SC/T 3106—2010 | 鲜、冻海鳗 | SC/T 3106—1988 |
| 48 | SC/T 3107—2010 | 鲜、冻乌贼 | SC/T 3107—1984 |
| 49 | SC/T 3101—2010 | 鲜大黄鱼、冻大黄鱼、鲜小黄鱼、冻小黄鱼 | SC/T 3101—1984 |
| 50 | SC/T 3302—2010 | 烤鱼片 | SC/T 3302—2000 |

# 中华人民共和国卫生部
# 中华人民共和国农业部　公告

## 2010 年第 13 号

　　根据《食品安全法》规定,经食品安全国家标准审评委员会审查通过,现发布《食品安全国家标准食品中百菌清等 12 种农药最大残留限量》(GB 25193—2010),自 2010 年 11 月 1 日起实施。

　　特此公告。

二〇一〇年七月二十九日

# 中华人民共和国卫生部
# 中华人民共和国农业部　公告

## 2011 年第 2 号

　　根据《食品安全法》规定,经食品安全国家标准审评委员会审查通过,现发布食品安全国家标准《食品中百草枯等 54 种农药最大残留限量》(GB 26130—2010),自 2011 年 4 月 1 日起实施。

　　特此公告。

二〇一一年一月二十一日

**图书在版编目（CIP）数据**

最新中国农业行业标准. 第7辑. 水产分册/农业标
准出版研究中心编. —北京：中国农业出版社，2012.1
（中国农业标准经典收藏系列）
ISBN 978-7-109-16179-5

Ⅰ.①最…　Ⅱ.①农…　Ⅲ.①农业－行业标准－汇编
－中国　Ⅳ.①S-65

中国版本图书馆 CIP 数据核字（2011）第 209698 号

中国农业出版社出版
（北京市朝阳区农展馆北路 2 号）
（邮政编码 100125）
责任编辑　刘　伟　李文宾

北京通州皇家印刷厂印刷　　新华书店北京发行所发行
2012 年 1 月第 1 版　　2012 年 1 月北京第 1 次印刷

开本：880mm×1230mm　1/16　　印张：12
字数：373 千字
定价：80.00 元
（凡本版图书出现印刷、装订错误，请向出版社发行部调换）